谁种谁赚钱·设施蔬菜技术丛书

莴苣设施栽培

常有宏　余文贵　陈　新　主　编
徐　刚　孙艳军　等　编　著

U0238299

中国农业出版社

编写人员

徐　刚　孙艳军
高文瑞　韩　冰
李德翠　史珑燕

　　我国农民历来有一个习惯，不论政府是否号召，家家户户都要种菜。

　　在人民公社化时期，即使土地是集体的，政府也划给一家一户几分"自留地"种菜。白天，农民在集体的土地上种粮，到了收工的时候，不管天黑，也不顾饥肠辘辘，一放下工具就径直奔向自留地，侍弄自家的菜园。因为，种菜不仅可以满足一家人一年的生活，胆大的人还可以将剩余的菜"冒险"拿到市场上换钱。

　　实行分田到户后，伴随粮食的富余，种菜的农民越来越多。因为城里人对蔬菜种类和数量的需求日益增长，商品经济越来越活跃，使农民直接看到了种菜比种粮赚钱。

　　近一二十年来，市场越来越开放，农业生产分工越来越细，种菜的农民也越来越专业，他们不仅在露地大面积种菜，还建造塑料大棚、日光温室，甚至蔬菜工厂等，从事设施蔬菜生产。因为，在设施内种菜，可以不受季节限制，不仅一年四季都有新鲜菜上市，也为菜农增加了成倍的收入。

　　巨大的商机不仅让农民获得了实惠，也使政府找到了"抓手"。继"菜篮子工程"之后，近年来，各地政府又不断加大了对设施蔬菜的资金补贴，据 2010 年 12 月国家发展和改革委员会统计：北京市按中高档温室每亩 1.5 万元、简易温室 1 万元、钢架大棚 0.4 万元进行补贴；江苏省紧急安排 1 亿元蔬菜生产补贴，扩大冬种和设施蔬菜种植面积；陕西省安排补贴资金 2.5 亿元，其中对日光温室每亩补贴 1 200 元，设施大棚每亩补贴 750 元；宁夏对中部干旱和南部山区日光温室、大中拱棚、小拱棚建设每亩分别补贴 3 000 元、1 000 元和 200 元……使设施蔬菜的发展势头迅猛。截止到 2010 年，我国设施蔬菜用 20% 的菜地面积，提供了 40% 的蔬菜产量和 60% 的产值（张志斌，2010）！

万事俱备，只欠东风。目前，各地菜农不缺资金、不愁市场，缺的是技术。在设施内种菜与露地不同，由于是人造环境，温、光、水、气、肥等条件需要人为调节和掌控，茬口安排、品种的生育特性要满足常年生产和市场供给的需要，病虫害和杂草的防控需要采用特殊的技术措施，蔬菜产品的质量必须达到国家标准。为了满足广大菜农对设施蔬菜生产技术的需求，我社策划出版了这套《谁种谁赚钱·设施蔬菜技术丛书》。本丛书由江苏省农业科学院组织蔬菜专家编写，选择栽培面积大、销路好、技术成熟的蔬菜种类，按单品种分 16 个单册出版。

由于编写时间紧，涉及蔬菜种类多，从选题分类、编写体例到技术内容等，多有不尽完善之处，敬请专家、读者指正。

2013 年 1 月

目 录

第一章

概　述

　　莴苣为一年生或二年生草本植物，原产地中海沿岸，约在 7 世纪初，经西亚传入我国各地普遍栽培。莴苣分茎用和叶用两种，前者各地有栽培，后者南方栽培较多，是春季及秋、冬季重要的蔬菜。

　　叶用莴苣俗称生菜，基叶较宽，匙形、卵形至圆形，先端圆，以叶为主要食用器官。依叶和生长状态可分：①皱叶莴苣。叶片深裂，有松散叶球或不结球。②直立莴苣。叶片全缘或有锯齿，外叶狭长直立，不结球或有松散的圆锥形叶球。③结球莴苣。叶全缘，有锯齿或深裂，叶面平滑或皱缩，顶生叶球，圆或扁圆。

　　茎用莴苣又称莴笋，叶片狭长，披针形或长卵圆形，叶色绿、淡绿、紫红。叶面平展或有皱褶，全缘锯齿形，茎端肥大，肉质嫩脆，色浅绿或翠绿、黄绿，以嫩茎供食用。

　　莴苣极富营养，含有抗氧化物、胡萝卜素及维生素 B_1、维生素 B_2、维生素 B_6 和维生素 C、维生素 E，还含有丰富的微量元素，如钙、磷、钾、钠、镁及少量铜、铁、锌。此外，莴苣富含膳食纤维素，茎、叶的乳状汁液还含有大量有机物，如糖、有机酸、蛋白质、苦苣素等。常食有利于血管扩张，清热、利尿，对高血压、心脏病、肾病及精神衰弱等疾病有辅助疗效。科学家最近发现结球莴苣中含有一种对胃癌、肝癌、大肠癌、膀胱癌、胰腺癌等有明显抑制作用的原儿茶酸物质。

　　莴苣按植物学分类可分为 4 个变种：①皱叶莴苣，俗称散叶生菜，叶片深裂，叶面皱缩，不结球；②直立莴苣，又称油麦菜，叶狭长直立，全缘稍有锯齿，一般不结球或卷心呈圆筒形；③结球莴苣，即结球生菜，顶生叶形成叶球，圆球形或扁圆球形，叠抱，整叶包住全球，叶长达叶球基部，又有脆叶结球和软叶结球之分，脆叶结球类型叶球大、脆嫩、结球紧实、不易抽薹，软叶结球类型叶球小、松散、质地柔软、生长期短，在高温长日照下易抽薹；④茎用莴苣，俗称莴笋，以肥大肉质嫩茎为产品。

莴苣根为直根系，不发达，根系浅而密集，一般分布在土表20～30厘米的土层内，因此吸水能力较弱，幼苗期根出叶互生于短缩茎上。叶片宽大，叶面光滑或皱缩，质地柔嫩清香；叶形有披针形、长倒卵形、长椭圆形等，叶色有绿或绿紫两种。结球莴苣在莲座叶形成后，心叶向内卷曲形成叶球。莴苣的茎因栽培目的与品种类型不同而不同，结球莴苣的茎为短缩茎，茎用莴苣（莴笋）的茎在植株莲座叶形成后逐渐伸长并膨大，在茎端花芽分化后仍继续伸长。莴笋的食用部分由胚芽轴发育的茎和花茎两部分组成，两者的比例因品种及栽培环境而有差异。早熟品种花茎的比例比晚熟品种的大，同一品种秋栽笋花茎比例较大，冬春笋较小。莴笋的茎皮有绿、白绿、紫绿等颜色，花为圆锥形头状花序，花托扁平，花浅黄色或黄色，每一花序上有花 20 朵左右，子房单室，果实为瘦果，粒小，黑褐色或银白色附有冠毛。莴苣为自花授粉植物，有时也通过昆虫传粉，进行异花授粉。

一、莴苣生育过程

莴苣的生育过程包括营养生长期和生殖生长期。

1. 营养生长期

营养生长期包括发芽期、幼苗期、发棵期及产品器官形成期，各时期及整个生育期的长短因品种及栽培季节不同而异。

（1）发芽期　播种至刚露真叶，"露心"即为其临界形态标志。

（2）幼苗期 "露心"至第一个叶环的叶片全部展开，其临界形态标志为"团棵"。

（3）发棵期 "团棵"至开始包心（结球莴苣）或茎开始膨大（莴笋）。这一时期莴苣的生长主要表现为叶面积迅速扩大，是莴苣产品器官形成的基础。

（4）产品器官形成期 结球莴苣为结球期。从团棵以后，一方面外叶生长扩展，一方面心叶卷曲抱心成球形，发棵完成时，球形亦初现，然后是球叶扩大与充实。莴笋的产品器官形成期即茎膨大期。整个发棵期，其短缩茎的相对生长率不高，增长幅度不大，此为茎膨大初期。以后茎与叶的生长齐头并进时，茎笋膨大与增高显著，相对生长率加快。到达最高峰后，茎、叶生长率同时下降，以后约 10 天即可采收。

2. 生殖生长期

莴苣营养生长期尚未结束时，生殖生长即已开始。这种时间上的重叠因品种及栽培季节而异。结球莴苣在叶球将达采收期时花芽分化，以后迅速抽薹开花，所以营养生长与生殖生长两者间的重叠较短。秋莴笋在进入发棵期后花芽分化，营养生长与生殖生长期重叠的时期较长，由此也导致花茎在莴笋中所占比例扩大。越冬莴笋在茎膨大期花芽分化，营养生长与生殖生长重叠时间短，所以花茎在整个笋中占的比例较小。早熟品种因花芽分化早，所以重叠时间长；晚熟品种花芽分化迟，重叠时间短，所以花茎在整个笋中所占的比例，前者大于后者。

二、莴苣设施栽培类型

莴苣的设施栽培类型根据覆盖材料可分为地膜覆盖栽培、无纺布浮面覆盖栽培、遮阳网遮盖栽培、防虫网遮盖栽培、大棚栽培、日光温室栽培；根据覆盖层次可分为单层覆盖栽培和多层覆盖栽培（多层覆盖栽培指地膜加小棚、地膜加大棚、地膜加不织布浮面覆盖、地膜加不织布浮面覆盖加大棚或温室等）。

1. 地膜覆盖栽培

按照春莴笋、冬春莴笋栽培对土壤的要求，选择好地块，并按要求翻地、整地、施肥、作畦。地膜覆盖栽培要求土细、地平、肥足、墒情好，为此首先应清除地里的砖瓦、石块和前茬作物的秸秆、残根等杂物，按春莴笋栽培的要求施足有机肥料。然后翻耕土地，做到土肥混合均匀，再将地整平。其次作畦、开沟。采用地膜覆盖栽培春莴笋或冬春莴笋，应将畦作成中央略高、两边稍呈圆角状，这样便于铺地膜时使地膜与地表接触紧密，保温效果好。一般畦面高 10～15 厘米。畦作成后，可轻度镇压，以使畦表面平整，也有利于深层土壤水分沿毛细管上升。作畦后铺地膜，铺膜的关键在于拉紧铺平，使薄膜紧贴土壤表面，这样有利于提高增温效果。每畦四周都要用土将地膜压严、压实。铺好膜后定植莴笋幼苗。定植后及时用细土将定植孔封严，防止膜下土壤水分蒸发、热量散失和薄膜被风刮坏。露地莴笋采用地膜覆盖，定植期可提前 7～10 天。莴笋地膜覆盖栽培，须强调增施基肥，特别是增施有机肥，并适当增施磷、钾肥，稍减少氮肥施用量。生长期间随浇水可追施氮肥。要进行地膜维护，经常检查地膜有无裂口，如有要及时封上，防止大风刮破地膜。

2. 无纺布浮面覆盖栽培

无纺布亦称不织布、丰收布，是以聚酯或聚丙烯等为原料，经过加工切片纺丝直接成网，再以热轧黏合而制成的。无纺布是具有透光性、吸湿性和一定透气性的布状农用新型覆盖材料。无纺布能直接覆盖在露地或保护地的成株蔬菜上，亦可直接覆盖在播种后的床土上，可达到防寒、增温、防风、保湿、防鸟、防虫的效果，在蔬菜稳产、高产、优质栽培和调节蔬菜产品供应期方面有着十分显著的作用。

莴苣无纺布浮面覆盖栽培，包括冬莴苣浮面覆盖和春莴苣浮面覆盖。冬莴苣一般于 9 月中下旬播种育苗，冬季 12 月至翌年 3 月采收上市。冬莴苣进入结球始期以后，易受霜冻寒流的影响，在中小棚、大棚或日光温室内进行浮面覆盖栽培，可有效防止冻害，促进生长，提早采收。春莴笋一般冬季在温室或大棚内育苗，春季至初夏收获。南方地区则在 10 月份露地育苗，11 月定植，3～4 月采收供应，定植后均可进行无纺布浮面覆盖栽培。秋莴笋延后栽培、越冬春莴笋以及冬莴笋栽培皆可直接浮面覆盖。据江苏省农业科学院蔬菜所试验表明，越冬春莴笋在严冬时期浮面覆盖一层无纺布，温度比露地增 1.7℃（早晨 8 时温度），大棚加无纺布浮面覆盖比露地增温 5.8℃（早晨 8 时温度），比一层浮面覆盖增温 4.1℃。浮面覆盖栽培的莴笋生长快，茎膨大早，产量高。1991 年底遇罕见寒流，大棚内气温降至－6～－9℃时，大部分莴苣受到不同程度冻害，严重者被冻死，而大棚内同期栽培的采用无纺布浮面覆盖的则安然无恙（图 1、图 2、图 3）。

图 1　露地无纺布浮面覆盖方式（徐刚，1997）

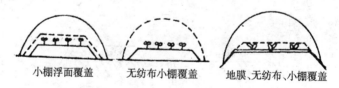

小棚浮面覆盖　　　无纺布小棚覆盖　　　地膜、无纺布、小棚覆盖

图 2　小棚无纺布覆盖方式（徐刚，1997）

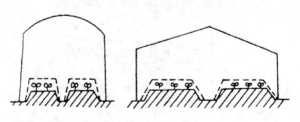

图 3　温室、大棚内无纺布浮面覆盖方式（徐刚，1997）

3. 塑料遮阳网覆盖栽培

塑料遮阳网覆盖栽培具有轻便、简易、省工、省力和降低成本的优点。遮阳网使用寿命长，应用茬次多，折旧成本低，所以应用塑料遮阳网比传统的芦帘等覆盖物具有无比的优越性。塑料遮阳网可遮阴降温，稳定菜田小气候，抗拒夏季经常发生的强光、高温酷热、暴雨、台风、干旱等灾害性气候，从而改变蔬菜作物的生长环境，可提高蔬菜产品的品质和产量。此外，银灰色塑料遮阳网还有避虫防病的效果。遮阳网在冬季浮面覆盖还有防霜、防寒、防冻的效果，可延长秋冬菜的供应期。近几年，遮阳网已在长江流域及南方各省迅速推广应用，获得了显著的经济效益和社会效益。

遮阳网有黑色、白色、蓝色、黄色、黑与银灰相间和银灰色等种类。蔬菜栽培上应用较多的是黑色和银灰色。黑色遮阳网遮阴降温效果好于银灰色。可根据栽培季节和蔬菜作物的具体要求选用。

莴苣塑料遮阳网覆盖栽培，主要包括夏秋莴苣播种育苗覆盖、秋冬莴笋或叶用莴苣后期浮面覆盖、越冬莴笋和越冬叶用莴苣浮面覆盖、春夏莴笋和春夏叶用莴苣拱棚（大棚）覆盖等（图4、图5、图6）。

播种后至出苗前　　　　　出苗后至活棵前

图 4　遮阳网浮面覆盖方式（徐刚，1997）

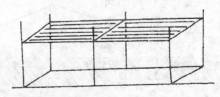

图 5　遮阳网矮平棚覆盖方式（徐刚，1997）

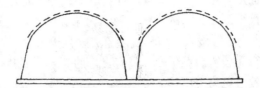

图 6 小棚遮阳网覆盖方式（徐刚，1997）

4. 大棚及日光温室栽培

20 世纪 80 年代末以来，华北、东北、西北及黄淮地区日光温室发展迅速。莴苣日光温室栽培一般安排在秋冬茬、冬茬和冬春茬。秋冬茬栽培一般在 8 月下旬至 9 月上旬播种，苗期 25～35 天。9 月下旬至 10 月上旬定植于温室内。冬茬和冬春茬一般 9 月下旬至 12 月排开播种，陆续定植在温室内。

北纬 33°以南地区，日光温室较少，可利用大棚进行春促早栽培或秋冬茬及冬茬莴笋、叶用莴苣栽培。中小拱棚亦可进行莴苣或莴笋栽培。

保护设施的利用宜提倡完善覆盖技术，一层覆盖，多茬次利用或多层覆盖综合利用，加强覆盖效果。莴苣栽培形式除上述外，还有与其他作物间套种。莴苣（笋）生长期短，植株较小，适宜与其他作物间套种，是一种主要的间套作蔬菜。尤其是莴苣（笋）苗期生长缓慢，实行间套作可大大提高土地利用率和光能利用率。同时，间套时可利用其他作物为其创造较好的生长环境。莴笋（笋）与其他作物间套种的原则：一是与对养分需要不同或根系分布层次不同的蔬菜间套种；二是与植株高矮不同的蔬菜间套种；三是与采收期或生长期不同的蔬菜间套种；四是与能发挥互助作用的蔬菜间套种。使双方或一方能获得比单作更好的效果。莴苣（笋）可与瓜类、甘蓝、芹菜、大白菜、菠菜、大蒜等蔬菜间套种，也可与夏玉米、棉花等农作物和经济作物间套种。

5. 防虫网栽培

防虫网是一种防治蔬菜虫害的新材料，以聚乙烯为原料，经拉丝织造而成，形似窗纱，具有耐拉强度大、抗紫外线、抗热性、耐水性、耐腐蚀、耐老化、无毒无味等优点，使用年限 3～5 年。对防止虫害侵入、减轻或避免灾害性天气危害，减少或少用农药进行无公害蔬菜生产，具有良好的效果，尤其在夏秋叶菜生产方面效果更为突出。

（1）防虫网的性能及使用后的效果

性能：因网眼小，故能有效阻止害虫侵入；能减缓雨水的冲击力，因而能有效减弱暴雨对蔬菜生长的影响；遮阴率比遮阳网低，能实施全程覆盖，一用到底，同时操作容易，管理方便。

效果：夏秋蔬菜栽培应用，不仅能达到无公害生产的要求，而且能增加产量；用于夏秋蔬菜育苗，还能使成苗率上升。

（2）防虫网规格　防虫网规格种类较多，一般应选用 22 目或 24 目，据最新研究表明 17 目的效果也不错；颜色有白色、银灰色等，以银灰色的防虫网为好，既适宜蔬菜正常生长，又利于防止害虫侵入。

（3）防虫网覆盖的主要形式

大棚覆盖：将防虫网覆盖在大棚顶上，四周用土或砖压严实，棚管（架）间用压膜线扣紧，留大棚正门揭盖，便于进棚操作。生产期间不揭开，实行全程封闭覆盖。

平棚覆盖：用水泥柱或毛竹等搭建成平棚，面积以 1～3 亩①为宜，棚高 2 米，四周用防虫网覆盖压严，既能做到生产期间全程覆盖，又能进入网内操作，是实现无公害蔬菜生产的有效措施。

小拱棚覆盖：采用钢筋或竹片弯成拱棚，将防虫网覆盖在拱架上，四周盖严，以后浇水直接浇在网上，一直到采收，实行全封闭覆盖。这种形式特别适合于没有钢管大棚的地区推广，同样

─────────────

① 亩为我国非法定使用计量单位，15 亩＝1 公顷。──编者注

能起到防虫保菜的效果。

　　小拱棚或小平棚覆盖时，棚宜高于作物，避免菜叶贴紧防虫网，被网外跳甲等害虫取食或产卵于菜叶。若在高温期间进行覆盖栽培，则棚内空间越大越好，因而以棚高2米为宜，既可人工操作，又利于蔬菜生长。

第二章

莴苣生物学特性

一、茎用莴苣（莴笋）生物学特性

1. 莴笋生物学特性

莴笋地上茎可供食用，茎皮白绿色，茎肉质脆嫩，幼嫩茎翠绿，成熟后转为白绿色。直根系，移植后发生多数侧根，浅而密集，主要分布在20～30厘米土层中。茎短缩，叶互生，披针形或长卵圆形等，浅绿、绿、深绿或紫红，叶面平展或有皱褶，全缘或有缺刻。短缩茎随植株生长逐渐伸长和加粗，茎端分化花芽后，在花茎伸长的同时茎加粗生长，形成棒状肉质嫩茎。肉色淡绿、翠绿或黄绿色。圆锥形头状花序，花浅黄色，每一花序有花20朵左右，自花授粉，有时也会发生异花授粉。瘦果，黑褐或银色。

根据莴笋叶片形状可分为尖叶和圆叶两个类型，各类型中依茎的色泽又有白笋、青笋和紫皮笋之分。

（1）尖叶莴笋　叶片披针形，先端尖，叶簇较小，节间较稀，叶面平滑或略有皱缩，绿或紫。肉质茎棒状，下粗上细。较晚熟，苗期较耐热，可作秋季或越冬栽培。

（2）圆叶莴笋　叶片长倒卵形，顶部稍圆，叶面皱缩较多，叶簇较大，节间密，茎粗大，中、下部较粗，两端渐细，成熟期早，耐寒性较强，不耐热，多作越冬春莴笋栽培。

2. 莴笋对环境条件的要求

（1）温度　莴笋为半耐寒性蔬菜，喜冷凉，不耐热，稍耐霜冻，但成株期耐寒性差，0℃低温就能造成冻害。种子在4℃以上能够发芽，最适温度15～20℃，超过25℃不发芽，30℃以上种子进入休眠状态，适温4～5天就能出芽。

（2）光照　莴笋为喜光植物，生长期间需要中等强度的光照。光照较弱时会造成莴笋徒长，甚至有空心植株出现，因此莴笋在发芽时要求有适当的散射光线。

（3）水分　苗期要求土壤湿润，切忌过干或过湿；莲座期应控制水分，抽薹期给予充足水分；在茎部肥大和结球后期适当控水，水多则裂茎裂球，还会导致软腐和菌柱病发生。

（4）土壤肥料　莴笋喜疏松肥沃的土壤，喜氮肥，氮在任何时期都不能缺少；苗期不能缺磷，否则叶数少、植株小、产量低；苗期需要大量钾肥和适当的磷肥。

二、叶用莴苣生物学特性

（一）结球莴苣（结球生菜）

1. 结球莴苣生物学特性

叶全缘或有缺刻、锯齿，外叶展开，顶生叶形成叶球，圆形、扁圆形、圆锥形、圆筒形，质地柔嫩，为主要食用部分。花期7～8月，种子成熟期8～9月。结球生菜较散叶生菜生长期长，单株重量大，一般在400～750克，生长期长的晚熟品种可达1 000克以上。

结球生菜营养生长阶段的生育周期可分为以下4个时期：

（1）发芽期　种子萌动至子叶展开，真叶吐露，需要8～10天。

（2）幼苗期　从真叶显露至第一叶序5枚叶片展开，俗称"围棵"，需要20～25天。

（3）莲座期　从团棵到第二叶序完成，心叶开始卷抱，需要15～30天。这一时期叶面积迅速扩大，是产品器官形成的关键时期。

（4）结球期　心叶加速卷抱成肥大叶球，需要35～40天。

2. 结球莴苣对环境条件的要求

（1）温度　结球生菜为喜冷凉、忌高温作物，种子在4℃以上可发芽，高于 25℃，因种皮吸水受阻，发芽不良。生菜在夏季播种时需低温处理，浸种后放冰箱的冷藏室中催芽，待芽露白后再行播种，播种前应用新高脂膜拌种。幼苗能耐较低温度，在日平均温度 12℃时生长健壮，生长适温 15～20℃，最适宜昼夜温差大、夜间温度较低的环境。结球适温 10～16℃，温度超过25℃叶球内部因高温会引起心叶坏死腐烂，且生长不良。目前有些结球生菜的品种可耐高温，但在雨季前最好能及时采收。

（2）光照 结球生菜为长日照作物，喜阳怕阴，在充足的阳光下光合作用旺盛，营养物质形成多，可以早抱球，这样生长发育才会健壮。光线不足易导致结球不整齐或结球松散。

（3）水分 结球生菜对水分的要求，幼苗期土壤不能干燥，也不能过湿，以免幼苗老化或徒长；发棵期要适当控水，促进莲座叶充实发育；结球期需水量大，缺水则叶球小、味苦，但不能过多，否则会发生裂球现象，并易引起病害，结球后要求较低的空气湿度，若土壤水分过多或空气湿度较高，极易引起软腐病。

（4）土壤肥料 结球生菜喜微酸性土壤，其根系对土壤养分含量要求较高，在有机质丰富、保水肥力强的黏质土或壤土上根系发根很快，生长好，反之则差。对养分的要求是，缺氮影响叶片分化，使叶数减少；缺磷对幼苗影响大，不但叶数少，且植株变小，产量低；缺钾则叶球会明显变小，造成减产。因此，在整个生长期间宜多施氮肥，并注意配合施用磷、钾肥，只有这样才能达到高产优质的目的。

（二）皱叶莴苣（散叶生菜）

散叶生菜是皱叶莴苣的俗称，为一年生或二年生草本植物，也是欧、美国家的大众蔬菜。生菜原产欧洲地中海沿岸，由野生种驯化而来。古希腊人、罗马人最早食用。生菜传入我国的历史较悠久，东南沿海特别是大城市近郊、广东和广西地区栽培较多，特别是台湾种植尤为普遍。近年来，栽培面积迅速扩大，由宾馆、饭店进入了寻常百姓的餐桌。

1. 生物学特性

散叶生菜系浅根系蔬菜，根浅而密。喜冷凉环境，生长适宜温度 15～20℃，属长日照作物，14 小时以上有利于抽薹开花，光照充足有利于植株生长。茎为短缩茎，上着生叶片；叶全绿色或黄绿色，叶片倒卵圆形，散生，叶面皱缩，质地脆嫩，叶缘呈锯齿状。花黄色，头状花序，自花授粉；果为瘦果，黑色或灰色，有冠毛；种子细长，微小，千粒重 8～10 克。

2. 对环境条件的要求

（1）温度 散叶生菜喜冷凉湿润气候，但不耐寒，最适温度 12～25℃，10℃ 以下生长缓慢，忌高温、干旱，白天对 25℃ 以上高温适应性差，不同的生育期有不同的要求。

（2）光照 散叶生菜属长日照作物，光照充足有利于植株生长，种子发育良好，叶片较厚。生菜较耐弱光，具有利用弱光的特性。

（3）水分 散叶生菜根系浅，叶片多，组织脆嫩，含水量高，叶面积大，不耐旱，但水分过多会引起徒长，整个生长期要求有均匀而较充足的水分供应，不同生育期有不同的要求。

（4）土壤肥料 从沙壤土到黏质壤土都可以栽培，宜选择地势较高、排灌方便、土质肥沃、疏松透气、富含有机质的土壤或沙壤土为好，pH 6.5～7.0 为宜。生菜根系吸收力较弱，且根系对氧气的要求高，在有机质丰富、保水保肥力强的黏质壤土上，根系发展很快，有利于水分和养分吸收。在缺乏有机质、通风不良的瘠薄土壤上根系发育不良，叶面积扩展受阻。

（三）直立莴苣（油麦菜）

直立莴苣俗称油麦菜，又名莜麦菜，有的地方又叫苦菜，是以嫩梢、嫩叶为产品的尖叶型叶用莴苣。叶片长披针形，色泽淡绿，质地脆嫩，口感鲜嫩、清香，具有独特风味，含有大量维生素和钙、铁、蛋白质、脂肪、维生素 A、维生素 B_1、维生素 B_2

等营养成分，是生食蔬菜中的上品，有"凤尾"之称。

1. 生物学特性

油麦菜为菊科莴苣属，以嫩梢、嫩叶为食用产品。根系浅，须根发达，抽薹后形成肉质茎。叶互生，披针形，色绿，叶面平展，叶缘锯状，外叶开展，新叶松散。头状花絮，花黄色，自花授粉。子房单室，瘦果，黑褐色，成熟时顶端具有伞状冠毛，易随风飞散。叶片长披针形，长相有点像莴笋的"头"，叶细长平展，笋细短。株高 30～40 厘米，开展度 20～30 厘米，叶披针形，长 40 厘米左右，宽 6～10 厘米，绿色，叶面光滑，抗寒，耐热，耐抽薹，适应性强，可常年在露地及保护地栽培。

2. 对环境条件的要求

（1）温度　油麦菜幼苗期对温度的适应性较强，其生长适宜温度为 12～20℃，可耐－3～－5℃的低温，要求较高温度，在 23～28℃范围内，温度越高种子从开花到成熟所需的天数也越短，10～15℃的温度虽然能开花，但不能结实。

（2）光照　油麦菜对光照没有严格要求，喜弱光。

（3）水分　油麦菜在幼苗期叶面积大，需水量大，既不能太湿，也不宜太旱，以免徒长或老化。茎部肥大前宜控制水分，促进莲座叶发育，抽薹期水肥要足，抽薹后期水分不宜过多，否则会导致茎叶腐烂。

（4）土壤肥料　油麦菜根系发达，根群密集，但吸收能力差，对氧气要求高，以表土层肥沃、富含有机质、保水保肥性好的土壤为宜。土壤通气不良、过于贫瘠、干旱使根系发育和叶面积扩展受阻，使苗老化。

第三章

莴苣优良品种

一、茎用莴苣（莴笋）优良品种

1. 迎夏圆叶王

新一代夏、秋莴笋专用品种。生长迅速，抗热性强，不易抽薹、空心，叶片卵圆形，色绿，株型较紧凑，茎皮淡绿，茎肉嫩绿、茎棒粗、味香脆，商品性佳，单株重可达1.2千克。生长适温18～32℃，生长后期可抗短期40℃以上高温。

2. 香嫩热笋王

最新培育的夏季极耐高温高品质尖叶品种。生长前期、中期适宜温度22～30℃，后期可抗42℃高温，皮浅青，肉嫩绿，耐涝，叶披针形，株型紧凑，叶挺直，单株重可达0.6～1千克。

3. 四季嫩香

适合春、夏、秋及冬季（低温地区保护地）栽培的高品质香莴笋品种。披针尖叶、色绿，皮浅绿白，肉嫩绿、脆嫩，味香脆，单株重可达0.3～0.5千克，最大可达1千克，耐高温、高湿，抗病，生长后期可抗短期40℃高温。

4. 精品青笋

目前国内最绿的耐寒品种。植株较紧凑。叶椭圆形、短小，叶色深绿，茎秆棒形，节较稀，绿皮绿肉，味香浓。高抗霜霉病、菌核病。单株0.8～1.5千克。适应性广，8～12月播种均可。

5. 竹叶青

极早熟，定植至采收70～80天，植株直立，长势强，长势快，株高78厘米，叶长椭圆形，绿色，茎棒形，节稀，粗6～

7.5 厘米，茎皮白绿色，肉绿色，味香浓，质脆嫩，品质特优，叶短小，茎粗大，单茎重 800～250 克，最大 3 500 克，耐寒，抗病性强，产量高，亩产 5 000 千克。

6. 种都二白皮

特新种。耐热、耐寒性较强，叶长椭圆形，色绿，肉浅绿。在 8～25℃条件下生长良好，秋季定植后约 38～40 天收获。单株重可达 1 千克，冬春季定植后约 70～90 天收获，单株重可达 1.3 千克，适宜我国大部分地区种植。

7. 红秀尖叶莴笋

中熟，特耐寒，喜肥水。宜秋、冬、春栽培。叶片红色、披针形，叶簇前期开展较大，后期半直立。茎长棒形，皮淡紫色，节间较稀。肉翡翠绿，质地细嫩清香，皮薄。单茎重 0.5～1 千克。在 5～23℃条件下生长良好。定植后 70～120 天收获（播期不同，收获期不同），亩产 2 500～4 000 千克。

8. 无锡香莴苣

无锡市蔬菜研究所从无锡地方莴苣品种中选育的莴苣新品种。叶片卵圆形，叶色微红，且越往心叶叶色越红。株高 40 厘米左右，单株重 350 克左右，茎皮绿中带红，茎肉淡绿色，食用时有淡淡清香，由此得名。

9. 白皮香

南京地方品种。叶长椭圆形，先端尖，淡绿色，叶面皱缩。茎笋白绿色，肉青白色。早熟，香味浓，品质好。宜作秋、冬栽培。

10. 紫皮香

南京地方品种。叶片宽大，呈披针形，叶面皱缩、青绿色、夹有紫色晕斑或全紫红色。茎笋皮青色带有紫色条纹，肉青绿色。中晚熟品种。

11. 杭州尖叶

杭州地方品种。叶片披针形、绿色，叶缘波状。茎笋约 25

厘米长，皮、肉均淡绿色，单笋重 200～250 克。早熟，耐寒。

12. 杭州圆叶

杭州地方品种。叶片尖椭圆形，叶面微皱、浅绿色。茎笋皮、肉均淡绿色。笋长 30 厘米左右，单笋重 250～300 克。晚熟，耐寒。

13. 济南白莴苣

济南地方品种，属圆叶莴笋。叶长匙形、绿色，较肥大，先端钝圆。笋较粗短。适于春秋栽培。

14. 大皱叶

安徽马鞍山地方品种。叶片较宽大、长倒卵形、绿色，叶面皱缩、全缘。茎笋长圆柱形，皮、肉均浅绿色。皮薄，肉脆嫩，品质好。耐热、耐寒，适宜春、秋两季栽培。中熟品种。

15. 夏抗 40

耐热圆叶品种，茎粗棒，皮白嫩。单株重 0.75～1 千克，生长适温 22～32℃，易获高产，生长后期可抗短期 40℃高温。定植后 40 天收获，上市早，效益高。

16. 夏雪 3 号

在 40℃高温下能正常生长，耐湿，抗病，不易抽薹。叶大椭圆形，皮薄，色白，茎青绿色，脆嫩，清香，商品性好。单株重 0.6～1 千克，亩产 3 500～4 500 千克，宜作夏、秋季栽培。

17. 夏秋王

尖叶莴笋。耐热，耐湿，极抗高温，夏、秋栽培最佳，不易抽薹。叶大披针形、浅绿色，皮薄，白皮，茎肉青绿色，嫩脆，商品性好，单株重 0.6～1 千克，亩产 3 500～4 500 千克。

18. 大叶莴笋

株高 40～50 厘米，开展度 50 厘米。茎表皮淡绿白色。食用茎长 20～25 厘米，中部粗 3.5～4.5 厘米，质地嫩脆。叶片长 32 厘米，宽 13 厘米，淡灰绿色，叶脉中肋隆起。单笋重 350～400 克。中熟种，播种后 105～110 天初收。较耐热、耐湿。生

长后期中下部叶片较易衰老，要求肥水充足、土壤肥沃。亩产
1 500～2 000 千克。

19. 锄头牌红莴笋

耐寒，适宜秋、冬播种栽培。生长快速、强键，茎间较长，茎在叶末剥前呈淡绿色，剥叶见光后呈紫红色，肉翠绿色。茎可长至 60 厘米，横径可达 6 厘米，单茎重 2 千克以上，产量甚高。

20. 绿肉香莴笋

从众多农家品种中筛选出来的高产优质良种。生长快速，抗逆性好，容易栽培，产量高，亩产 2 500～3 000 千克。棒茎粗壮，皮薄，肉质翠绿，具浓重奶香味，清脆爽口，适合凉拌生食、炒食或腌制加工，是一个色、香、味俱全的优良莴苣品种。适于长江以南及南方各省中熟或中晚熟栽培。生育期秋种 70～80 天，冬种 120～130 天。株高 70～80 厘米，叶披针形、有皱，紫绿色，肉茎粗棒型，高 60～70 厘米，单株重 1～1.25 千克。

21. 抗热先锋

由单株、单繁杂交而成。在高温 40℃、低温 1℃时能正常生长，耐湿，抗病，不易抽薹。叶大披针形、浅绿色，皮薄、色白，茎肉青绿色、脆嫩、清香，商品性极好。单株重 1～1.25 千克，亩产 3 500 千克左右。四季均可栽培，品质极优。

22. 绿冠

新型圆叶品种。叶片圆形、绿色，皱叶，肉质茎粗大，皮薄、嫩脆，茎肉青绿色，商品性好。单株重 400～800 克，亩产 2 500 千克左右。适于江、浙种植青皮莴笋，出口加工脱水菜、腌泡菜、炒食、生吃凉拌等主要品种。

23. 千禧红

浓香型品种。叶片卵圆形，叶紫红色。茎粗棒，节平，节间稀密适中，皮红色，肉绿、质脆嫩、香味浓。在 3～20℃气温环境下生长良好，耐寒性特强，单株重可达 1～1.5 千克。适于种植红莴笋的地区晚秋、冬、早春种植，是目前供超市、脱水加工

出口的首选品种。比一般红莴笋增产 30% 左右。

24. 红挂丝莴笋

新型尖叶品种。叶片披针形、突尖、有皱，肉质茎长棒形，单株重 400～800 克，皮淡红色，肉翠绿色，生长整齐。根系浅而密集，中熟，株高 30～40 厘米。成熟一致，肉质脆，香味浓，皮薄，可食率高，清脆细嫩爽口，可生吃凉拌、炒食，腌制加工，是腌泡菜的主要原料。种子发芽最宜气温 15～20℃。低于 10℃ 不易发芽，低温季节播种（长时间 8℃ 以下）须采取塑料薄膜小拱棚保温育苗，按当地最佳播种期播种。亩用种量 50～80 克。

25. 萨曼莎

根系浅而密集，中熟，株高 60～70 厘米。叶片披针形、突尖、有皱，肉质茎长棒形，单株重 500～1 500 克，皮淡紫色，肉翠绿，生长整齐，成熟一致。肉质脆，香味浓，皮薄，可食率高，清脆细嫩爽口，可生吃（凉拌）、炒食、腌制加工，是腌泡菜的主要原料。

26. 澳洲香笋

由单株、单繁精选而成。在高温 40℃、低温 3℃ 正常生长，耐湿，抗病，不易抽薹。叶大披针形，浅绿色，皮薄、绿白色，茎肉青绿色、脆嫩、清香，商品性极好。单株重 0.5～1 千克，亩产 2 500 千克左右，作油麦菜种植，四季均可栽培，品质极优。是目前菜农选择的最优品种。

27. 红运来

浓香型肉质嫩脆的高品质莴笋品种。叶片长卵圆形，叶色前期紫红色斑块，后期逐渐转绿。茎粗棒，节平，节间稀密适中，皮嫩白，带浅紫色晕斑，肉绿、质脆嫩、香味浓。在 3～20℃ 气温环境生长良好，耐寒性特强，单株重者可达 1～1.5 千克，适宜大部分地区晚秋、冬、早春播种。种子发芽最宜气温 15～20℃。低于 10℃ 不易发芽，低温季节播种（长时间 8℃ 以下）须采取塑料薄膜小拱棚保温育苗。亩用种量 50～80 克。

28. 永安飞桥莴笋王

中晚熟。株高 60～80 厘米，叶 45 片左右，叶片披针形、突尖。有皱缩，互生，紫绿色。肉茎长棒形，长 50～70 厘米，单株重 1 200～1 600 克，亩产 2 500～4 500 千克，皮淡紫色，肉翠绿色。生长快速、整齐，成熟一致。肉质脆，香味浓，皮薄，品质优，可食率高，可供炒食，凉拌，是目前市场上最畅销的理想绿色蔬菜。

29. 紫罗兰

皮薄，特香翠，高产，品质佳，口感好。株高 60～80 厘米，叶片披针形，突尖，有皱缩，紫绿色，肉茎长棒形，长 50～70 厘米，单株重 1 000～1 500 克，亩产 4 000～5 000 千克，皮淡紫色，肉翠绿色，生长快速、整齐，成熟一致。肉质脆，香味浓，品质优，可供炒食、凉拌，是目前市场上最畅销的绿色蔬菜。秋、冬两季均可播种，秋季 8 月下旬至 9 月，冬季 10 月至 11 月。

30. 永安红笋王

中晚熟品种。生长快速，根系浅而密集，叶披针形，叶尾尖，叶面皱，有突起，叶片绿紫色。茎直立，膨大后形成棍棒状，肉质茎长 40～60 厘米，横径约 5～6 厘米，嫩茎重约 0.6～1.5 千克。外皮淡紫红色，肉翠绿色，皮薄。香味浓，口感好，可食率高。

31. 宝丰笋王

中晚熟。株高 60～80 厘米，叶 45 片左右，叶披针形，突尖，有皱缩，互生，紫绿色。肉茎长棒形，长 50～70 厘米，单株重 800～1 200 克，亩产 1 800～3 000 千克，皮淡紫色，肉翠绿色，生长快速、整齐，成熟一致。肉质脆，香味浓，皮薄，品质优，可食率高，可供炒食、凉拌。

32. 永荣莴笋

中晚熟品种。生长快速，根系浅而密集，叶尾尖，叶面皱，有突起，叶片绿紫色。茎直立，淡绿色，香味浓，皮薄，可食率高，肉翠绿色，单果重 1～1.75 千克。播种至初收约 80～100天，发芽适宜温度 15～20℃，茎叶生产温度 7～26℃，最适温度10～19℃。在南方地区最佳播种期为 9 月上旬到 11 月下旬，其他地区可结合当地气候条件，确定适宜播种期。

33. 永荣三号红尖叶莴笋

中晚熟品种。生长快速，根系浅而密集，叶披针形，叶尾尖，叶面皱，有突起，叶片绿紫色，茎直立，膨大后形成棍棒状，肉质茎长 40～60 厘米，横径约 5～6 厘米，嫩茎重约 0.6～1.5 千克。外皮淡紫红色，肉翠绿色，皮薄。香味浓，口感好，可食率高。

34. 泰国耐热香莴笋

从泰国引进的原种。春夏多用型，特别抗热、耐高温、高湿、叶大、披针形。耐抽薹，抗病性强。抗裂，节稀茎粗，味香脆嫩，产量高。绿皮绿肉，口感嫩脆、芬香。单株重0.5～1 千克。长江流域、淮海流域、四川盆地、华南、华中地区 2～9 月均可种植。低温催芽、苗龄 20～25 天，选壮苗常年移栽，及时浇足定根水，亩栽 4 500 株左右，重施磷钾肥、有机肥，全生长期注意土壤水肥均衡供应，预防干旱。可做油麦菜种植。

35. 万里香

从泰国引进的原种，春夏秋多用型。耐热、耐湿，抗寒、抗病性特强，叶大、椭圆形，耐抽薹，抗裂，节稀茎粗，味香脆嫩，产量高。绿皮绿肉，口感嫩脆、芬香。单株重 0.5～1 千克。

36. 耐寒香妃

耐寒，抗霜霉病特强。叶长椭圆形，绿皮，绿肉，香味浓，口感脆嫩。速生较长，节稀茎粗。冬天−5℃照常生长，单株重0.75 千克左右。可作春、秋、冬栽培，亩产 2 500～3 500 千克。特别适于浙江、湖南种植及出口、加工、脱水菜栽培。

37. 清香千里莴笋

最近繁育而成的精品香莴笋。可四季栽培。大尖叶。夏、秋高温栽培时特耐热、耐湿，极抗高温，能短期抗高温 40℃左右，抗抽薹、抗糠心力强，冬、春栽培时耐寒力极强，长势旺，特抗病，整齐度好，产量高。皮薄，嫩绿色，肉深绿，味清香脆嫩，节间稀，商品性好。单株重 1.3~1.8 千克，亩产 5 500~6 000 千克，宜全国各地种植，特别适于高温地区种植。

38. 佳园花叶笋

营养型莴笋品种。叶簇较直立，叶片绿色、长椭圆形，叶缘深裂缺刻（故名花叶笋）。较早熟，耐寒，较耐热，抗病。微甜，有清香味，品质佳，可荤可素，可凉可热，口感爽脆。

39. 罗汉王

早熟，从播种至收获 90~110 天，植株紧凑，叶簇直立。叶片倒卵圆形，叶缘微波，叶片浅绿色。茎圆柱形，单株重约 600 克，皮薄，肉质细嫩、色浅绿，清香味浓，品质优。耐寒力强，不易抽薹，一般亩产 2 500 千克以上。

二、叶用莴苣优良品种

（一）结球莴苣（结球生菜）

1. 奥林匹亚

从日本引进的极早熟脆叶结球型品种。耐热性强，抽薹极晚。植株外叶叶片深绿色，较小且少，叶缘缺刻多。叶球浅绿色略带黄色，较紧实。单球重 400~500 克，质地脆嫩，口感好。生育期 65~70 天，适于晚春、初夏、夏季极早熟栽培。亩保苗 7 000 株，亩产 3 000~4 000 千克。

2. 北山三号

由日本引进的极早熟品种。耐热性强，且耐高温，抽薹极晚。植株外叶少、浅绿色，叶缘有深齿状缺刻。叶球扁圆形、浅黄绿色。叶球外叶大，叶鞘肥厚，球内叶渐小，且少，属叶重型品种。平均单球重 400 克，适宜晚春、夏季和秋季栽培。从定植到收获需 40～50 天。夏季适于密植，也是温室无土栽培的良种。

3. 凯撒

由日本引进的极早熟生菜优良品种。耐热性强，在高温下结球良好。抗病，抽薹晚，耐肥。植株生长整齐，株型紧凑。叶球扁圆形，浅黄绿色，叶球内中心柱极短，品质脆嫩。单球重约 500 克。适于春、秋保护地及夏季露地栽培。亩栽植密度 5 500～6 000 株，亩产 2 000～3 000 千克。

4. 萨利娜斯

由美国引进的中早熟品种。较耐热，抽薹晚，抗霜霉病和顶端灼焦病。植株生长旺盛且整齐。外叶较少，内合，深绿色，叶缘有小缺刻。叶球圆形，浅绿色，紧实。平均球重 500 克。外观好，品质优良，成熟期一致。较耐运输，适于夏季栽培。生育期 85 天，从定植到收获约 50 天，亩栽植 7 000 株。

5. 皇后

由美国引进的中早熟品种。较耐热，抽薹晚。较抗生菜花叶病毒病和顶端灼焦病。植株生长整齐一致，叶片中等大小，深绿色，叶缘有缺刻，叶球扁圆形，结球紧实，浅绿色。平均球重 550 克。质地细嫩、爽脆，风味好。生育期 85 天，从定植到收获约 50 天，亩栽植 7 000 株。

6. 前卫 75 号

由美国引进的中早熟品种。适应性较强，可夏季栽培，但产量较低，且要及时采收。在高温和高湿条件下较易发生顶端灼焦病和腐烂病。在凉爽天气下栽培，植株较大，生长旺盛，外叶较少，深绿色。叶球圆形，浅绿色，叶球外叶片宽大，叶鞘肥厚，属叶重型品种。品质脆嫩，味甜，外观好。平均球重 600 克。适于冬季及早春保护地栽培。耐寒，抗花叶病。结球紧实，变形球少。从定植到收获 45～50 天。

7. 米卡多

由日本引进的早熟品种。耐热性强,抽薹较晚。在夏、秋季栽培表现良好。耐病性强,不焦边。植株外叶较少,油绿色,叶缘有齿状缺刻。叶球扁圆形、浅绿色,且具光泽,品质脆嫩,爽口。平均球重 500～600 克。从定植到收获 45 天,夏季可直播栽培。

8. 卡勒恩克

由美国引进的早熟品种。耐热性强,抗花叶病毒病和顶端灼焦病。抽薹晚,适合晚夏及初秋栽培。植株外叶较小、紧凑,呈绿色。叶缘具尖齿状缺刻。叶球扁圆形、绿色,变形球少,外观好。为叶重型品种,平均球重 550 克。成熟期整齐一致,从定植到收获 45 天。

9. 飞马

由美国引进的早熟品种。抗花叶病毒病和顶端灼焦病。夏季栽培表现耐热性良好,并抗先期抽薹。植株外叶较多,叶片绿色,叶缘缺刻较深。叶球大小中等、青绿色,结球紧实。单球重约 400 克,质地脆嫩。从定植到收获 45～55 天,亩栽 7 000 株,亩产约 4 000 千克。

10. 京引 89 - 2

由美国引进的品种中选育出的极早熟品种。耐热性很强,抽薹极晚,对各种病害的忍耐力强,易栽培。在高温高湿环境下结球良好,变形球和异常球发生少,优质球率高,适宜夏季栽培。植株较开张,外叶较少,青绿色。叶球扁圆形、绿色,质脆,风味好,单球重约 600 克。从定植至始收约 30 天,延续采收 20～30 天。

11. 爽脆

美国品种。叶球圆球形,绿白色,外叶深绿色,结球紧实,单球重 0.76 千克,商品外观好,品质佳,播种至采收 84～88 天,华南各省沿海地区播种适期为 10 月中旬至 2 月。

12. 落林娜

叶球圆球形，绿色，外叶深绿色，心茎大，单球重 0.79 千克，外叶较少，抗烧心病，品质优良，成熟期一致，可 9 月中旬至 12 月播种，亩产 2 800～4 000 千克。

13. 玛莎 659

叶球圆球形，绿色，外叶深绿色，结球紧密。耐烧心病，品质佳，成熟期一致，晚熟，从播种至叶球成熟约 96 天，适于秋末冬初栽培，华南地区以 9 月份播种产量最高。

14. 雅翠

中早熟，全生育期 85 天左右。叶片绿色，外叶绿色、较大，叶缘略有缺刻，叶球圆形，顶部较平，结球稳定整齐，单球重 700 克左右。耐烧心、烧边，品质好，抗热、抗病性较强，适应季节和种植范围广泛，亩产可达 3 500 千克左右。

15. 皇帝

从美国进口的早熟品种。生育期 80 天左右，定植后 45～50 天始收。耐热，抗病，适应性强，适宜春、秋露地和冬、春、秋保护地栽培，也能越夏遮阳栽培。植株外叶较小，叶片有皱褶，叶缘齿状缺刻。叶球中等大小，紧密，顶部较平，质脆嫩爽口，品质优良。平均单球重 0.5～0.75 千克，亩产 3 000 千克左右。

16. 大湖 659

美国引进的中晚熟品种，生育期 110 天。耐寒性好，不耐热，适合冬季保护地和春秋露地栽培，外叶绿，外叶多，褶皱，叶缘缺刻多，叶球大而紧实，单球重 500～600 克，亩产 2 500～3 000 千克，品质好。

17. 里绿

从日本引进的早熟品种。生长势中等，生长速度较快，植株较高。叶片开展度较小，适宜密植，侧枝生长弱。花球较紧实，色泽深绿，花蕾小，质量好。单球重 200～300 克，亩产量 400～500 千克。抗病性及抗热性较强，从播种到收获 90 天左右，适于春、秋露地栽培及晚春、早夏栽培。

18. 阿黛

高品质沙拉专用结球生菜优良品种。中早熟，定植后生育期55～60天，叶片翠绿色，叶缘有少量缺刻，叶球圆形、整齐，顶部较平，单球重600克左右。株型紧凑，结球紧实，叶片黄绿色，内外较均匀。口感甜脆，中柱较小。耐热性强，耐抽薹，耐顶部灼烧。

19. 阿维纳斯

从澳大利亚引进的结球生菜新品种。中熟，全生育期85天左右。叶片深绿色、美观，叶缘缺刻少，叶球圆形、整齐，结球稳定，单球重可达600克以上。耐烧心、烧边，品质佳，耐寒性较强，抗病性好。适于南方秋、冬季露地和北方保护地栽培，一般亩产3 000千克以上。

20. 荷兰战神生菜

欧洲引进品种。叶片大，叶色浓绿，叶肉厚。球形，紧实，球大，单球重600～800克，抗热，耐寒，极耐抽薹，抗病毒病、干烧心。包球紧实，不裂球，早熟，生育期80天左右，商品性佳，出口加工耐贮藏。

21. 铁人 - MI

结球生菜品种。中熟，全生育期82天。叶片绿色偏深，叶缘有中等缺刻。结球稳定、紧实一致，单球重700克左右，产量高。耐雨水和炎热气候，耐烧心、烧边。温暖季节均可种植，适合夏季露地和春、秋保护地栽培。合理密植，建议株行距35厘米×35厘米。高温条件下播种需对种子进行低温催芽处理，并苗期采用降温措施。施足底肥，成熟中期适当控水。

22. 国王一零一

中早熟结球生菜。叶片绿色，生长势强，结球紧实。叶球平均重500～600克，品质优良，耐运输。抗霜霉病及顶端灼烧，适合春秋栽培。

23. 丽岛

结球生菜新品种。叶球圆球形，叶片绿色，外叶大，叶缘稍有缺刻，单球 600 克左右，整齐一致，品质好。耐热抗病，亩产可达 2 500 千克左右。

24. 绣球生菜

由国外引进的新型生菜新品种。耐寒，抗病，适应性广，抽薹迟，易栽培，味甜脆，品质及商品性极佳。叶面稍皱，淡绿色，外叶较圆，蒜叶黄绿色，包合成绣球状，高 25 厘米，球茎 20 厘米左右，结球紧实，单株重 0.6～1 千克，亩产 1 500～2 000 千克。耐热性稍差，适宜春、秋越冬栽培。是目前十分具有市场前景的结球生菜新品种。

25. 千叶

球形生菜。叶片浓绿，叶肉厚，叶面光滑、有弹性，结球较紧实、不易碎，耐运输，单球重 600 克左右，抗病性强，产量高。

26. 海纳

圆球型品种。外叶浓绿，内叶多绿色，叶球有光泽，叶片厚。结球紧实，单球重 700～800 克，产量高。对生菜黑腐病、顶端灼烧病、叶缘坏死病有较强抗性，晚抽薹，耐运输。

27. 千胜

中早熟结球生菜新品种。全生育期 80～85 天。株型紧凑，长势旺盛，呈中绿色。叶片较厚，叶缘缺刻较稀，叶球圆形、整齐一致，一般单球重 500～600 克，亩产量可达 3 000 千克。外叶少，叶球整齐突出，净菜率可达 70%。叶片较厚，收获运输中不易损坏失水，成熟期整齐一致，特别适宜加工储运。耐寒性、耐热性好，春、夏季露地栽培抗烧心能力强，抗霜霉病和灰霉病。适于冬、春保护地和初夏露地种植，在较低和较高温度条件下均可正常生长，定植株行距 30 厘米×30 厘米。每亩播种量 20 克左右。全生育期注意肥、水均衡供应，保护地种植注意放风管理。

（二）皱叶莴苣（散叶生菜）

1. 美国翡翠生菜

叶簇生，较直立，株高 25 厘米，展开度 30 厘米，叶近圆形，黄绿色，有光泽，叶缘波状，叶面皱褶，不结球，质脆嫩，水分中等，品质上乘。定植后 40～50 天收获，比一般速生产量高，颜色好，适于全国各地春、秋和冬季保护地栽培。

2. 意大利生菜

纯度高，菜形美观，爽脆味香，品质好。耐热，耐寒，耐抽薹，可全年种植。即使在最炎热的春夏雨季和 5～8 月，亦可正常生长，品质优良，不带苦味。持续采收期长，产量高。播种至采收 50 天，可持续采收 50 天以上，期间产量不断增加，不会老化。抗菌核病、软腐病、叶焦病，春夏多雨季节不易腐烂。周年均可播种，夏播前期须用遮阳网覆盖，施足基肥，前期追肥 2～3 次，定植后约 25 天施一次重肥。注意防治软腐病等。

3. 大速生

散叶型。叶片多皱，倒卵形，叶缘波状，叶色嫩绿。生长速度快，生育期 45 天左右，品质甜脆，无纤维，不易抽薹。抗叶灼病，适应性广，耐寒性强，温度 12℃以上可周年生产，是春、冬保护地及露地栽培的理想品种。

4. 软尾生菜

植株半直立，生长速度快，叶片松散，颜色嫩绿，叶缘皱褶，株型大，长势强，适应性广，风味佳，南北方皆宜种植，生育期 45 天左右。适合保护地和露地栽培，耐热性特好。

5. 绿朗

美国引进抗抽薹绿叶生菜。叶缘波浪状，散叶、多皱褶，叶色鲜绿，生长速度极快，定植后 30 天采收，株型巨大，开张度 40 厘米，产量高，单株重 800～1 000 克，口感好。耐热、耐寒性好，适合露地及保护地四季栽培。

6. 鸡冠生菜

株高 18～20 厘米，开展度 17 厘米，较开张。叶片卵圆形，叶缘有缺刻，上下曲折呈鸡冠状，故得此名。叶浅绿色，不结球，叶质柔嫩，水分中等，品质上等，宜生食。单株重 30 克左右。早熟，生长期 50～60 天。春季栽培抽薹较晚。耐寒，耐热，病虫害少。每亩产量 1 000～1 300 千克。

7. 美国香甜紫红生菜

从美国引进的最新紫叶品种。中早熟，株型较小，宜密植，产量高，叶片边缘多皱曲和缺刻，深紫色。抗病性好，不耐高温，正常生长温度 25℃，过高提前抽薹。在弱光条件下变紫能力强，可冬、秋、春季种植。适合于制作混合沙拉和加工，具有食用与观赏的价值。

8. 舞裙

散叶型早熟品种。株型美观，半直立，植株开张，易伸展，叶色浓绿，皱褶较多，商品性好。生长速度快，播种后 38 天左右可收获。耐高温，抗抽薹，抗病、抗虫性好，易栽培，适应性广。口味甜脆，品质上乘。

9. 雅紫

由日本引进并改良的散叶生菜新品种。中早熟，全生育期 70 天左右，株型较小、圆整，叶片边缘紫红色，多皱曲和缺刻，耐抽薹性和抗病性较好，亩产可达 1 000～1 500 千克。兼食用与观赏价值。种植季节和地域广泛，建议育苗栽培，亩用种量 15～20 克，4 叶 1 心时定植，定植株行距 20 厘米×20 厘米。

10. 雅速

国外引进品种。生长强健快速，病虫害少，栽培容易，温暖季节播后 45～50 天即可采收。叶黄绿色，叶形皱曲，形态绚丽。叶质柔嫩，生食、炒食品质好。耐热，抗寒，几乎周年都可播种栽培，亩产可达 2 000～3 000 千克。春、秋均适宜栽培，株行距

20 厘米×30 厘米，定植后 40 天可采收，单株重 0.2～0.4 千克，亩产 2 000 千克左右。

11. 盛菊

叶簇半直立，株高 25 厘米，开展度 28 厘米左右。叶片中长椭圆形，叶缘缺刻深锯齿状，多皱褶，呈鸡冠状，外叶绿色，心片浅绿。单株重 500 克左右，有苦味，品质优，适宜生食或煮食。适应性强，生育适温 15～20℃，耐热、耐寒性均较强，病虫害少，生育期 70～80 天。适合春、秋露地及保护地栽培，株行距 40 厘米×40 厘米，亩产量 2 500 千克左右。

12. 靓裙

散叶生菜。耐寒，晚抽薹，播种后 45 天左右可收获。生长均匀一致，叶色亮绿，叶形美观。头部叶片有缺刻并形成饰边皱叶，皱褶多，食味爽脆，品质佳，商品性好。

13. 绿裙

散叶生菜。耐寒，稍耐热。播种后 40 天左右可收获。生长均匀一致，叶色浓绿（保护地种植，叶色略变浅），叶形美观，产量高。头部叶片有缺刻并形成饰边皱叶，皱褶多。食味爽脆，品质佳，商品性好。

14. 抗热精英

散叶生菜。极耐热，晚抽薹。播种后 55 天左右可收获。生长均匀一致，叶色亮绿，叶形美观。头部叶片展开形成菜叶，有饰边皱叶。食味爽脆，品质佳，商品性好。适合夏季种植，其饰边皱叶随气温变化较大。温度越高，皱褶越深；温度越低，叶片越平展，皱褶越浅。

15. 橡叶绿

精致型沙拉生菜新品种。叶片翠绿美观，心叶略黄绿色，植株簇合成圆形，整齐一致，口感更脆嫩，有广泛良好的适应性。一般定植后 50～60 天收获，生长期需充足的水分，移栽定植时需仔细小心。建议种植株行距 30 厘米×25 厘米。同时，夏、秋茬种植时育苗应注意降温处理，以确保种子萌发和幼苗正常生长。

16. 莫林 Merlin

散叶生菜类裂叶生菜类型。叶片深裂，宛如橡叶，叶色深紫，极为漂亮。品质佳，耐热，耐抽薹，单株重 400 克左右。从播种到收获 60 天左右。宜春、秋和冬季保护地种植，炎热气候对其生长不利，高山寒冷地可夏季种植，育苗移栽，亩用种量 20 克，苗龄 30 天左右，每亩定植 6 000～8 000 株。

17. 澳优四季生菜

纯度高，菜形美观。爽脆味香，品质好。耐寒，耐抽薹，可全年种植，即使在最炎热的雨季和 5～8 月份亦可正常生长。出口菜场专用，优良品质，不带苦味。持续采收期长，产量高，50 天采收，可持续采收 50 天以上，期间产量不断增加，不会老化。抗菌核病、软腐病、叶焦病，春夏多雨季节不腐烂。全年播种，反季节种植，较耐抽薹。

（三）直立莴苣（油麦菜）

1. 四季油麦

高产抗病品种。15～35℃生长良好。株高 50～60 厘米，叶披针形，绿色，有光泽。肉质茎长 25 厘米，播种至采收 40～60 天。长势强，耐寒，耐热，耐风雨。肉质脆嫩，清甜味纯，纤维少。

2. 美国香甜红油麦

生长快速。叶披针形，叶尾尖，叶面皱，有突起，叶片绿紫色。茎直立，膨大后形成棍棒状，外皮淡紫红色。肉翠绿色，皮薄，香味浓，口感好，可食率高。

3. 圣华精品四季油麦菜

油麦类新品种。耐热，耐寒。叶长披针形，边缘微皱，叶色较绿，生长势较强，抗病力强。质地脆甜，口感佳，品质优。生长周期短，适应性广，见效快。发芽适温 12～

18℃。催芽时清水浸种 8 小时以利出芽整齐。低温季节播种（10℃以下）须采用薄膜保温育苗。全国各地周年均可栽培。防霜霉病、菌核病。

4. 泰丽抗热无斑甜油麦

经多年选育的新一代高品质甜油麦。叶片披针形，端尖，较直立，叶片中等，基部有微皱，叶型美观，纤维极少，品质上佳，商品率极高，香味特浓，口感甜脆，生长速度快。

5. 蓝斯 Lance

植株生长势强，株高 30～40 厘米，开展度 20～30 厘米。叶披针形，绿色，长约 40 厘米，宽 6～10 厘米，叶面光滑，口感脆香，品质好，可生食、炒食、做汤。抗寒，耐热，耐抽薹，生长速度快。

6. 无斑香油麦（4008）

新育成的一代杂交种。早熟，耐高温，抗病，无斑点。叶片披针形，端尖直立，色亮丽，纤维少，品质佳，香味清爽，商品率高。华南地区全年均可种植，株行距25 厘米×35 厘米。多施农家肥、磷肥、钾肥，提前上市可在苗期 20 天后喷施叶面肥1～2 次（5 天喷一次），适时播种，加强水肥管理，可获理想收获。

7. 泰国四季油麦菜

从泰国引进。在 8～38℃高温恶劣环境中，播种发芽育苗正常，适于全国各地四季均可种植，35～40 天开始采收，夏秋播种生长快速，30 天开始采收，商品性好，纤维少，口味极佳。

8. 耐热速生油麦菜

油麦菜专用品种。耐高温、高湿，高抗病，生长迅速，长势强劲，叶多而紧凑，产量高，质脆味清香。病虫害少，生长迅速，产量高，是无公害蔬菜基地绿叶蔬菜的首选品种。

9. 四季油麦菜

尖叶型新品种。四季均可栽培，叶片长披针形，色泽淡绿。

长势强健，抗病性强，质地细嫩，口感极佳、清香。生长周期短，见效快，适于大面积栽培。

10. 台湾四季油麦菜

叶片长披针形，色泽淡绿。长势强健，抗病性强。质地脆嫩，口感鲜嫩、清香，略带苦味。

11. 极品红油麦

生长速度快，抗病性强，口味极佳。叶片长披针形，绿色间紫红色。长势强健，质地强健，质地脆嫩，口感鲜嫩、清香。30～40 天开始采收，纤维少，是目前四季上市及抢占市场的理想蔬菜品种之一。

12. 优选四季油麦菜

叶形美观，爽脆味甜。叶片长披针形，色泽淡绿，清香，品质好，高产稳产。耐热、耐寒，50 天开始采收，不生虫，不打药，长势强健，单株可达 0.3～0.4 千克，亩产可达 6 000～7 000 千克。

13. 锯齿油麦

叶片长披针锯齿形，色淡绿，长势强健。抗病性强，质地脆嫩，口感极为鲜嫩，清香，略带苦味。种子发芽率适宜温度15～20℃，25℃以上时发芽率下降，30℃以上发芽率受阻，幼苗适宜温度 12～25℃，温度过高长日照，容易引起抽薹开花，光照太弱，叶片纤薄，产量低。

14. 佳园油麦香

国外引进的油麦菜品种。以嫩梢、嫩叶为产品，尖叶型叶用莴苣。色泽浅绿，长势强健，抗病性、适应性强，耐热，耐抽薹。质地脆嫩，口感鲜嫩、清香，可凉拌、素炒、做汤。适宜春秋露地及冬季保护地栽培。

15. 四季香油麦菜

植株直立，生长速度快，颜色嫩绿，长势强，适应性广，风味佳。形态非常绮丽，叶质柔嫩，生食、炒食品质好。耐热，耐寒，春、秋、冬都可栽培。南北方皆宜种植，生育期 45 天左右，适合保护地和露地栽培。种子发芽率适合温度 15～20℃，25℃以上时发芽率下降，30℃以上发芽率受阻，幼苗适宜温度 12～25℃。温度过高、长日照，容易引起抽薹开花；光照弱，叶纤维薄，产量低。行株距 10 厘米×10 厘米，定植后 45 天后采收。

第四章

茎用莴苣(莴笋)设施栽培技术

一、大棚春提早栽培

1. 品种选择

莴笋大棚春提早栽培中,苗期和定植初期外界温度较低,为获得优质丰产,应选用较耐寒、对低温适应性强的品种。春早熟栽培先期抽薹现象严重,还要注意选用冬性强、不易先抽薹的品种;也可选择不同熟性、不同生长期的品种搭配,以延长春季供应时间,避免集中上市,可选择成都挂丝红、上海小尖叶、杭州圆叶等品种。

2. 育苗

南方地区一般10月育苗,11月移栽至大棚内,也可于1月份在温室、大棚内育苗。北方一般于10月在阳畦播种育苗,苗期长达140~150天。近几年也有的于1月上中旬在快速育苗室或工厂化温室及大棚育苗。具体方法如下:

(1)秋冬阳畦育苗 秋播前浸种催芽,用25~30℃的温水浸种15~20小时,再用湿纱布包裹放置在催芽室内或恒温箱内,温度15~20℃。播种前,床土底肥要足,土壤翻耙整平。一般10~25米^{2}的苗床应施腐熟过筛的马粪或牛粪150~200千克,翻耙均匀。播种前浇足底水,均匀撒播种子,每平方米播种10~15克,播后覆盖0.5厘米厚的细土。当苗30%~50%出土时,应及时再撒0.2~0.3厘米厚的细土,使苗直立生长,同时覆盖裂缝,有利保温保墒。秋播育苗的,如温湿度适宜,秧苗生长快,但要防止因灌水过多和雨水浸灌,造成湿度过高而使秧苗徒长。到11月入冬以后,气候逐渐寒冷,当气温降到4~5℃时,夜间应加盖薄膜和草帘。苗具3～5片真叶时分苗。分苗苗床施肥及整平要求可参照播种床。苗距5～7厘米见方,分苗后浇水。至12月上中旬天气寒冷时浇一次粪水越冬。12月下旬至翌年2月,夜间加盖一层薄膜和双层草帘。一般晴天上午10时左右揭开草帘,14时左右盖草帘。到定植前10天开始炼苗。起苗定植时要浇水后再挖苗。

(2) 冬春温室或大棚育苗　直接在棚室内按莴笋对土壤及肥料要求准备苗床和床土,浇底水后撒播,然后覆土,再覆盖地膜或不织布、遮阳网等保湿,出苗后揭除。亦可在育苗盘或穴盘内播种。育苗盘混合土配制方法:用腐熟过筛的厩肥5份,炉渣或蛭石、珍珠岩等2份,田园土3份,将其混合均匀后填充在播种容器内,浇透底水,撒一层混合土,再播种和覆土。出苗前保持温度20℃左右,出苗后温度调整为15～20℃,一般40天左右即可成苗定植。在北方一般是1月上中旬播种育苗,40天后即移栽定植到棚室内。定植时可带混合土定植。在育苗盘内播种的,还可进行一次分苗,将苗分至大棚或温室内培养,苗期稍长一点。

3. 定植

在定植前15天左右,应提早盖薄膜上棚,以增温烤地。北方提前扣棚烤地促土壤完全解冻后,每亩施4 000～5 000千克厩肥、15～20千克过磷酸钙,耕翻2遍,作平畦,南方作畦稍凸,畦面宽1～1.5米,栽3～4行,或与黄瓜、番茄等隔畦间作。定植期,北方一般安排在2月中下旬至3月上旬。因莴笋苗耐寒性弱,可比结球莴苣早定植5～10天。

4. 管理

(1) 肥水管理　定植后3～5天,应及时查苗补苗。莴笋缓苗后要顺水追施一次缓苗肥,每亩施尿素15～20千克,然后中耕,以利蹲苗,促进根系发育。当莴笋进入团棵期时(8片叶左右)顺水再追施一次提苗肥,每亩施尿素20～30千克,继续中耕蹲苗。到植株长到 16～18 片叶、莲座叶已充分开展、茎部开始肥大时，结束蹲苗，变控为促。此期浇水追肥时间很重要，即不能过早，也不能偏晚。浇水过早叶片易徒长，茎部易蹿高，商品性差，产量下降，如遇低温还容易发生霜霉病。浇水过晚，则茎皮容易发硬变老，增加水肥供应时容易裂茎，影响品质，植株也易提早抽薹。莴笋嫩茎加粗生长后需要肥水较多，可每间隔 8～10 天浇一次水，并顺水追肥，促嫩茎肥大。当嫩茎达到商品成熟度时，停止浇水追肥。

（2）温度管理 从定植到缓苗前，以提高棚温为主，尽量不用放风通气。棚室内温度白天保持 20～25℃，夜间 6～7℃。定植后加强中耕松土，以利土壤温度提高。经 5～7 天缓苗后，可在中午适当放风通气，使棚温不超过 25℃。特别是保温增温条件好的棚室设施，一定要注意温度的上限，以免温度过高，引起徒长、未熟而先抽薹。

5. 采收

莴笋收获的最适时期是"平口"期，即莴笋主茎顶端与最高叶片的叶尖相平。此时嫩茎已长足，不仅产量高，而且含水量大，质地脆嫩，味甜可口，品质及商品性均佳，应及时采收。早收产量低，晚收花薹易伸长（蹿高），纤维增加，肉质变老发硬，甚至空心，食用品质、商品质量下降。

二、大棚秋延后栽培

1. 品种选择

莴笋大棚秋延后栽培前期正值气温较高的中秋季节，中期在温度适宜的保护设施中，后期值气温很低的寒冬，应选用有较强的适应性，既耐热耐寒，又抗病、丰产和品质优良的品种。

秋延后大棚栽培莴笋从播种到采收需 105 天左右，即从播种到移栽以 20～25 天为宜，移栽到收获需 80 天左右。江淮、黄淮一带可在 8 月中下旬到 9 月上中旬播种，苗龄 20～25 天，12 月中下旬采收。

2. 育苗

苗床应选择土壤疏松、肥沃、排水良好的高燥阴凉地块。播种前 15 天必须耕翻晒垡，施入充分腐熟的厩肥 750～1 000 千克，配合少量磷肥、钾肥，打碎土垡，精细整地做苗床。苗床面积与大田栽培面积之比为 1∶60～80。

莴笋秋延后栽培均采用育苗移栽的方法。播种量为每亩苗床用种 0.75～1.0 千克（具体播种量根据种子发芽率、苗床定苗密度、大田定植密度等因素决定）。育苗期正处于初秋高温季节，种子发芽困难，须进行种子低温处理。具体方法：用新提上来的井水（15℃左右）或冷水浸种 5～6 小时，用手搓洗，除去黏液和杂质，淘洗 2～3 次后，稍晾干种子表面的水分，用湿布袋包裹，置于地下室或防空洞等阴凉处，也可在距水面约 30 厘米处的井中（不能浸泡在水中）催芽。保持 15～20℃，每天用井水淘洗 1～2 次，3～4 天就可出芽。也可将经浸种后淘洗干净的种子放入冰箱冷冻室中存放 24 小时，使之冻成冰块或冰渣，然后取出放在室内阴凉通风处，使冰块缓慢溶化，种子也可缓慢发芽。当种子幼芽露白后，摊放在有散射光的阴凉通风处，喷水保湿，经 3～4 小时后，胚芽转为淡绿色时即可播种。炼芽后的种子出芽迅速、整齐，抗逆性强。将种子均匀撒播于浇足底水并渗透后的苗床上，覆细土 3～5 毫米。莴笋育苗一般不进行分苗，应适当稀播。

苗床覆土后盖上稻草、遮阳网等，并经常浇水，使床土保持湿润状态。幼芽拱出土表时及时揭去覆盖物，随即架设遮阳网形成遮阳棚，以防烈日暴晒或暴雨冲刷。气温较高时，土壤水分蒸发量大，可于早上 8 时以前和下午 5 时以后各浇一次水，保持土壤湿润并降低土温。幼苗出齐后，长出 1 片真叶时，根据出苗情况开始间苗，拔去密集处的苗；2～3 片真叶时再间一次，苗距 3～4 厘米，以免秧苗过密引起徒长，使定植容易出现先期抽薹现象。以后见干见湿,促进秧苗根系生长。生长中期,根据长势可少量追肥,每亩苗床用尿素 3～5 千克,天气干旱时再浇一次水。

3. 定植

(1) 定植时期　当苗龄 20～25 天,幼苗长至 5 片左右真叶时即可准备定植,苗龄一般不宜超过 30 天。苗龄太长易引起先期抽薹。

(2) 定植前准备　前茬夏菜收获后,应及时耕翻晒垡,最好晒 15 个太阳日以上。每亩大田施用优质腐熟厩肥 1 500～2 000 千克、尿素 5～10 千克、过磷酸钙 50 千克、硫酸钾 20 千克,施肥后深翻 20 厘米,精细整地,作高畦深沟,并做到能灌能排。

(3) 定植方法　定植前 1～2 天应将苗床淋透水,以便起苗时少伤根、多带土。选用生长健壮、根系好、子叶完整、叶片肥厚、节间短、符合本品种特性的幼苗,不可用徒长苗定植。定植宜选在下午高温过后或阴天进行。定植株行距为 25～30 厘米×25～30 厘米,每亩栽 8 000～10 000 株。具体栽培密度根据品种特性、土壤肥力、栽培季节长短、市场要求以及种植习惯等因素决定。定植后气温仍然较高,可在大棚支架上覆盖遮阳网,提高幼苗成活率,促进缓苗。

4. 大田管理

(1) 肥水管理　定植后随即浇定根水,第二天、第三天早晨还须复水一次。秋延迟莴笋定植初期温度仍然偏高,浇水时间要在早晨或午后。活棵后应加强肥水管理,在长好叶片的基础上,促进茎部迅速膨大,这是夺取高产的关键,也是防止先期抽薹的重要措施之一。活棵后每亩施尿素 5 千克,随即灌水,然后深中耕,促进根系扩展。"团棵"时随浇水施第二次追肥,每亩施尿素 5～7 千克、硫酸钾 5 千克,加速叶片数增加及叶面积扩大。封垄前茎部开始膨大时,施第三次追肥,每亩施尿素 5～10 千克、硫酸钾 5～7 千克,促进肉质茎肥大。以后不再追肥。追肥过晚、量过大容易引起肉质茎裂口。封垄前逢浇水或下雨后，要及时中耕除草保墒。

（2）温度管理　莴笋茎叶生长的适宜温度为 11～18℃。定植后要尽量创造适合茎叶快速生长的温度条件，即 16～18℃。10 月下旬以后，随着空气温度迅速下降，并出现霜冻天气，为了保证莴笋继续正常生长，此时应及时扣上大棚薄膜保温。随着天气继续变冷，单层薄膜已不能满足莴笋生长对温度的要求时，可在大棚内加扣小棚，并覆盖草帘，进行多层覆盖。温度以白天保持 16～18℃、夜间 0℃以上、莴笋茎部不受冻害为原则。注意及时通风散湿，防止病害发生。

（3）激素控制　秋延后莴笋容易未熟抽薹，除了从栽培管理技术方面采取综合措施外，施用生长调节剂也是一条有效途径。在莴笋茎部开始膨大时，用 500 毫克/千克比久（B9）或 500～600 毫克/千克矮壮素（CCC）、100～200 毫克/千克多效唑（PPP333）喷叶面 1～2 次，可适当抑制肉质茎纵向伸长，促进横向加粗，推迟抽薹，有效防止未熟抽薹，增加单笋重量。但应注意要严格掌握药液浓度、喷药时期及次数，否则起不到应有的效果，甚至对茎部伸长产生过度抑制作用，降低产量。

（4）病虫防治　莴笋的病虫害比较少，主要有霜霉病、菌核病和蚜虫等。

霜霉病：雨水多时最易发生。防治方法：①适当控制植株密度，增加中耕次数，降低田间空气湿度；②防止田间积水，降低土壤湿度；③与十字花科、茄科等蔬菜轮作，2～3 年一次；④及时摘除病叶，带出田外集中销毁；⑤发病初期可用 64% 杀毒矾锰锌可湿性粉剂 500 倍液或 70% 甲基托布津可湿性粉剂 700 倍液等喷雾，7～10 天一次，共 2～3 次。

菌核病：温暖潮湿、栽植过密、生长过旺、施用未腐熟的有机肥料等易加重菌核病发生。防治方法：①深耕培土，开沟排水，增施磷钾肥，改善田间通风透光条件，增强植株抗病力；

②盐水浸种（10份水加1份盐），除去混在种子中的菌核；③及时拔除初发病株，清除枯老叶片并集中烧毁，收获时连根拔除病株，以免菌核遗留田中；④发病初期可用50％甲基硫菌灵悬浮液500～800倍液或40％菌核净可湿性粉剂1 000～1 500倍液等喷雾防治，7～10天一次，共2～3次。

蚜虫：一般天气干旱时易发生。防治方法：①黄板诱蚜、灭蚜。利用黄色器皿或黄色诱蚜板涂上机油，利用蚜虫对黄色的趋性诱杀；②田间调查有蚜株率达2％左右时，应立即用药剂防治，可用10％吡虫啉可湿性粉剂2 000～3 000倍液或0.36％苦参碱500倍液等喷雾防治，7～10天一次，共2～3次。

5. 采收

当肉质茎已充分膨大，植株先端小叶与最高叶片的叶尖相平时为采收适期。大棚秋延迟栽培后期温度较低，莴笋不易蹿高，收获期不如春莴笋严格，同时由于大棚保温，肉质茎不易受冻，可根据市场需求，适当晚收，也可掐去植株的生长点和花蕾，促进营养回流和笋茎肥大，延迟采收。收获期11月中旬至3月上旬，每亩产量4 000～5 000千克。

三、日光温室栽培

1. 育苗

（1）营养土配制　用园土（近几年没有栽种过瓜果蔬菜的肥沃大田土壤，病虫害较少）2份与充分腐熟的圈肥1份，分别过筛后混合。每亩用50％的多菌灵可湿性粉剂5千克和40％辛硫磷乳油1千克混合，兑水，喷洒营养土后，用塑料薄膜覆盖，15天后撤膜，待药味挥发后使用。

（2）作苗床　选择在塑料大棚内育苗，苗床作成高畦，宽1.2～1.5米，高10厘米，畦间沟宽25～30厘米，畦长因地制宜。将配制好的营养土向苗床平铺厚约10厘米，准备播种。

（3）播种　用纱布装入种子，冷水浸种1天，取出，沥干水分，放入冰箱中保鲜（3～5℃）1 天，取出放置阴凉处，待种子露白即可播种。播种前，由畦沟向苗床浇水，使水浸没床面，下渗后及时播种。将莴笋种子拌以细沙、干土等均匀撒播于床面，每平方米 500～600 株，不宜过密。播种后覆 0.5 厘米厚营养土。播种后，在塑料大棚上覆遮阳网，苗出齐后去除。

（4）幼苗期管理　10 天幼苗出齐，在幼苗长出 1～2 片真叶时间苗，去掉弱苗、拥挤苗、畸形苗等。若苗床过干，可用喷壶喷适量水。

2. 移苗

（1）移苗畦准备　移苗前 7～10 天，选日光温室附近空地深翻 15～20 厘米，向土壤中掺入腐熟圈肥 3 000 千克/亩，磷酸二铵 10 千克/亩，混匀耙平。作平畦，宽 2 米，长度因地制宜。

（2）移苗　当苗龄 15 天左右，幼苗具有 4～5 片真叶时，选择无风晴天下午或傍晚移苗。移苗栽植深度 2～3 厘米，苗间距 10 厘米，摆苗要均匀，覆土深度子叶以下。移苗完毕后及时浇透水。

（3）移苗后管理　定植前 7 天，喷 40% 吡虫啉乳油 200 倍液、40% 多菌灵悬浮剂 800 倍液一次，用于预防蚜虫和莴笋霜霉病发生。移苗后 20 天左右，当幼苗长到 6～10 片叶、根茎开始变粗时，准备定植。

3. 定植

（1）定植　将日光温室整理干净，深翻 20～30 厘米，向土壤中掺入腐熟农家肥 5 000 千克/亩，磷酸二铵 10 千克/亩，硫酸钾复合肥（14 - 16 - 15）25 千克/亩，掺匀耙平，作平畦，畦宽 80 厘米，长度因日光温室跨度而定，畦埂宽 20 厘米。按 45 厘米×50 厘米株行距刨坑，每平畦栽种 2 行，3 300 株/亩。若苗床过干可在定植前 5～7 天用喷壶向苗床喷水。选壮苗，带土坨定植。壮苗标准：叶面平展，肥厚，短缩茎尚未伸长，叶片深绿色，根系发达，无病虫害。定植后及时浇透水。

（2）定植后管理

温湿度管理：掌控好温度是栽培莴笋的关键，温度过高，易造成莴笋未熟抽薹，失去经济价值。当外界气温 4～5℃，开始扣棚。扣棚后昼夜通风，白天温度控制在 18～20℃，夜间气温不低于 5℃，随着气温逐渐降低，夜间关闭通风口。至 11 月 10 日左右（立冬后）覆草帘，撒花帘，11 月 20 日左右覆全帘。此后温室内白天气温控制在 15～20℃，夜间气温控制在 7℃左右。白天温室内空气相对湿度控制在 55％～60％，夜间控制在 80％左右。

肥水管理：定植后 20 天左右开始浇缓苗水，并结合施复合肥（15 - 15 - 15）35 千克/亩。当莴笋基部开始膨大、土壤开始见干时，结合浇水施入硫酸钾复合肥（25 - 5 - 10）40 千克/亩。以后随着莴笋的生长，为避免在施固体肥料过程中踩踏、损伤叶片，改施冲施肥。根据莴笋长势及土壤墒情，浇 1～2 次透水，并结合施入冲施肥（N≥18、P_2O_5≥7、K_2O≥33、有机质、微量元素等）8～10 千克/亩，浇水保证土壤湿润，见干就浇，防止大水不均造成莴笋茎基部开裂。采收前 15 天停用肥、水。

病虫害防治：莴笋日光温室栽培过程中，病害主要有莴笋霜霉病、茎基腐病等。发病初期用 25％甲霜灵锰锌可湿性粉剂800～1 000 倍液或 50％烯酰吗啉可湿性粉剂 1 000 倍液、土净（5％丙烯酸·恶霉灵·甲霜灵水剂）1 000～1 500 倍液等药剂轮换使用；也可用 45％百菌清烟剂 110～180 克/亩，7 天一次，连续 3～4 次。虫害主要是潜叶蝇，少有蚜虫发生。防治潜叶蝇应在其产卵盛期至孵化初期还未钻入叶肉的关键时期用药，可用1.8％阿维菌素 1 000 倍液或 10％吡虫啉乳油 4 000～6 000 倍液轮换使用；防治蚜虫可用 50％辟蚜雾 2 000～3 000 倍液。病虫防治以预防为主，每 7～10 天用药一次，连喷 2～3 次。

其他管理：随着莴笋的生长，要及时去掉茎基部的衰老叶，以通风、透气，减少病害发生，便于施肥、喷药、浇水等管理。

4. 采收

12月中下旬至 2 月上旬采收。莴笋主茎顶端与最高叶片的叶尖相平时为最适采收期。当单株莴笋达 1.5～2 千克时，可准备采收。市场价格较高时一次采收完毕。

第五章

叶用莴苣设施栽培技术

一、结球莴苣（结球生菜）设施栽培

结球生菜以脆嫩叶球供食用，又称西生菜、美国生菜。叶全缘，顶生叶形成叶球，叶球圆、扁圆或圆锥形等。喜冷凉气候，忌高温，稍耐霜冻，适宜生长温度15～20℃，超过25℃，叶片变小、叶球生长不良、叶片卷曲、畸形，早期易抽薹开花、后期多病腐烂。利用大棚进行结球生菜栽培，投资少，技术简单，生长周期短，一年可实现多茬次生产，经济效益可观。

（一）大棚春提早栽培

1. 品种选择

选择耐寒、抗病、耐抽薹、早熟和适应性强的大球品种，以保证提早上市。如大湖659、皇帝、千胜及萨琳娜斯等。

2. 培育壮苗

结球生菜喜清凉湿润，忌炎热，耐霜冻。选择疏松、排水良好的土壤做苗床，播种前7～10天整地施肥。整地力求细碎平整。每平方米苗床施过筛腐熟的农家肥1千克，均匀撒施地面，耕翻10～12厘米深，翻耕掺匀整平后踏实。结球生菜种子小，顶土能力弱，播种前在15～20℃下催芽，每亩用种量25～30克，播后覆土0.5～1厘米，苗床温度控制在20～25℃，保持畦面湿润，4～5天后可出齐苗。出苗后白天温度控制在18～20℃、夜间8～10℃。到3片真叶时按株行距8厘米×8厘米分苗，当4～6片叶时定植。

3. 定植

当幼苗长到4～6片真叶、苗龄40～50天时即可定植。大棚春提早定植在 3 月上中旬，在 2 月上旬提前扣棚以提高棚内地温。定植的地块宜选有机质丰富、疏松、保水、保肥的土壤，每亩施腐熟农家肥 5 000～7 000 千克作基肥，深翻 25 厘米、耕细、作畦，畦宽 1.0～1.2 米。也可以作成小高畦。当地温稳定通过 5℃以上移栽定植，株距 30～35 厘米，行距 40～45 厘米，做到带坨定植，定植后浇定植水，每亩定植 5 000～6 000 株。

4. 田间管理

（1）温度管理　移栽后注意大棚保温，采用多层覆盖，控制棚内温度。缓苗后到开始包心前，温度比前一段要稍低，白天 15～20℃，夜间不低于 10℃。从开始包心到叶球长成，白天保持在 20℃左右，夜间 15～20℃，收获期为延后供应，白天控制在 10～15℃，夜间不低于 5℃。

（2）肥水管理　结球生菜需肥较多，除施足基肥外，定植后还要追施速效肥。一般在定植后 5～6 天追第一次肥，以三元复合肥为好，每亩追肥 15～20 千克。当心叶开始抱球时，每亩再追一次三元复合肥 10～15 千克，以保证叶片正常生长发育。浇水是结球生菜栽培中关键的一环，一般幼苗期土壤见湿见干，发棵期要适当控制水分，结球期加大水分供应，结球后期水分不要过多，以免发生裂球，采收前停止浇水，以免引起腐烂，不利于收后贮运。

（3）病虫害防治　结球生菜具有特殊的香气和抗病力，栽培过程中病虫害相对较少，主要是防止苗期菌核病、营养生长期顶烧病。防止菌核病主要是控制苗床的水分，如出现菌核病，可用 50%多菌灵可湿性粉剂 500 倍液，每隔 7～10 天喷一次，连喷 2～3 次。对于顶烧病主要是注意防止植株机械损伤，注意控制土壤水分，后期切忌氮肥过多。如腐烂严重，应整株拔除。

5. 采收

一般定植后 40～50 天开始收获，随成熟随收。采收标准为叶球松紧适中。采收过早影响产量；采收过迟，叶球内径伸长，叶球变松、易腐烂，降低品质。

（二）大棚秋延后栽培

1. 品种选择

根据育苗时间和定植期不同选择适宜的品种。一般在夏秋季节应选用耐热、抗病的中熟品种，9 月 15 日以后播种的可选用大球、耐寒的品种。

2. 播种育苗

8 月中旬至 9 月中旬播种的结球生菜需要低温育苗，即在 15~20℃的下催芽，其他时间不需要低温处理。育苗、栽培均在大棚内进行。

3. 定植

（1）定植前准备　定植前，大田要早作准备。全面清除前茬作物残枝、病叶和杂草，把基肥均匀撒施在田面，每亩施有机复合肥 450 千克，含硫酸钾三元复合肥 90 千克，然后采用人工深翻或机器耕翻，使肥料充分混匀在耕作层内，达到全耕层施肥，杜绝成块肥料损伤结球生菜根系，影响生长。待田块整平后，使用赐保康有机液肥每亩 1 000 毫升，喷施于土表，然后开沟作畦，要求畦面平，泥土松、细。畦沟深 25 厘米，沟底秒平，同时配套棚外、田外沟系。

（2）合理密植　结球莴苣大棚秋延后栽培，要求定植在大棚内，按株、行距 30~35 厘米见方定植，每亩密度（大棚）3 300 株左右。大棚种植方式为每棚作成四个畦头五条沟，每畦种 3 行，每行约 95~100 株。要求拉绳定植，定植时离沟边不少于 20 厘米，否则易引起沟边结球生菜生长歪斜或缺水。若是工厂化育苗供苗，所供秧苗须及时定植，做到不种隔夜苗。定植时要剔除弱苗、病苗，以提高秧苗成活率。

4. 田间管理

（1）养分管理　一般追施 2~3 次，操作时要根据各地土壤质地、肥料基础、苗情长势等具体情况区别掌握。第一次追肥在定植后2周，植株有5～6张叶片时，每亩用三元复合肥10千克；第二次追肥在结球始期，亩追三元复合肥10千克，二次肥量分别占一生总化肥量的20％和25％左右。追肥要穴施，种入土内，后浇水使肥料溶化，同时做好通风，防止施肥引起气害。其间每隔10～14天喷施赐保康2～3次，喷施浓度为500～800倍，即每次100～150毫升用量，促进光合作用，提高抗病力，增加产量。

（2）水分管理　定植前要浇足底水，定植后立即浇定根水，自活棵后到封行前，要经常保持土壤湿润。要根据结球生菜生长情况和土壤湿度，必要时可灌半沟水抗旱，以保证个体充分生长，长足营养体。另外，在活棵后要进行中耕、松土1～2次，既清除杂草，又增强土壤通透性，封行后严禁畦面浇灌，但要保持干湿交替，以干为主，防止病害发生和蔓延。在叶球形成时要尽量满足结球生菜对水分的要求，提倡小机沟灌。采收前2周停止浇水。

（3）温度管理　定植缓苗后到开始包心前，白天保持15～20℃，夜间不低于10℃。从开始包心到叶球长成，白天保持20℃左右，夜间15～20℃，收获期为延后供应，白天控制在10～15℃，夜间不低于5℃。12月至翌年2月是全年中最寒冷的月份，对定植在大棚内的结球生菜达到采收标准时要及时采收。在极端低温天气出现时，如遇到短期-3～-5℃低温时，要采取应急措施，即关紧大棚，并用一层无纺布浮面覆盖在结球生菜上面，可预防严重冻害。

（4）病虫害防治　病害以霜霉病为主，另外还有灰霉病、菌核病、病毒病；虫害以蚜虫、甜菜夜蛾、斜纹夜蛾、烟青虫为主，其次还要防治菜青虫、蜗牛、棉铃虫等。要立足农业防治为主，药剂防治为辅，严禁使用禁止农药。

土传病：用98％恶霉灵3 000倍喷雾。

地下虫害：整地后用食饵法诱杀，即 500～1 000 克敌百虫加 15～20 千克水拌 13～30 千克菜饼撒施土面。

病害：未发病前用多抗霉素 300 倍或代森锰锌 300～500 倍预防；霜霉病用克露 800 倍、杀毒矾 400 倍、科佳 2 000 倍、安克 2 500 倍进行防治；灰霉病、菌核病用速克灵或宝丽安 800～1 000 倍进行防治；软腐病、黑腐病用可杀得 800 倍或农用链霉素 3 000 倍防治；一般 7～10 天一次，如遇连阴雨天气，则 5～7 天一次，也可用一熏灵烟雾剂熏蒸。

虫害：蚜虫用一遍净或吡虫啉 2 000 倍进行防治；夜蛾类（包括烟青虫、棉铃虫）用安打 3 750 倍或抑太保 2 000 倍进行防治；蜗牛用密达 400～500 克/亩撒施在作物根际土表。

由于生菜叶片着生部位低，叶片排列紧，对防治带来一定的难度，所以防治的关键要提高质量，即每亩用水量要充足，喷洒要均匀周到，同时，农药要交替使用，原则上每隔 7～10 天防治一次，采收前严格掌握农药安全间隔期。

5. 采收

当球已经紧实、叶片无病虫斑，单球重达到 500 克以上时，即可采收上市。一般全生育期 85～130 天（包括育苗时间在内；在田时间 60～90 天）。

（三）日光温室栽培

日光温室结球莴苣栽培一般安排在秋冬茬、越冬茬和冬春茬。华北地区秋冬茬栽培一般在 8 月下旬 9 月上旬播种，苗期 25～35 天，9 月下旬 10 月上旬定植到温室内，元旦可大批供应市场。越冬茬和冬春茬 9 月下旬至 12 月随时都可以播种。

1. 品种选择

选择耐热、抗寒、高产优质品种，如美国帝王、凯撒等。

2. 播种育苗

（1）播种催芽　日光温室秋冬茬结球生菜一般在 8 月初播种

育苗，9 月初定植。生菜发芽的适宜温度为 15～20℃，需要先催芽才能播种，先用冷水浸种 6 小时，使其充分吸水后，用湿布包好，放在 15～20℃温度下催芽 3～4 天，种子 80％露白时应及时播种。

（2）准备苗床　栽植 1 亩结球生菜，需苗床 6～8 米²。苗床要选择地势高、通风好、排灌方便的肥沃沙壤土，整平耙细，作成宽 1～1.2 米、长 5～6 米的平畦。播种前苗床要浇足底水，将种子与等量细沙混合均匀后撒播，覆土 0.5 厘米左右。苗床上方覆盖一层遮阳网。播种后 2～3 天内每亩用 25％除草醚乳油 0.5 升加水 30～50 升，或每亩用 48％氟乐灵乳油 0.1～0.15 升加水均匀喷畦面，防除杂草。子叶展开、真叶刚露出时，要及时间苗。幼苗具 2～3 片真叶时，再间一次苗，苗距 4～5 厘米，把小苗、弱苗、病苗全部去掉。小苗期早晨或傍晚喷洒一次水，保持土壤见干见湿。苗期发生蚜虫，可用 50％抗蚜威可湿性粉剂或10％吡虫啉可湿性粉剂 2 500 倍液喷雾。喷病毒 A 预防病毒病。苗龄一般 30 天左右，5～6 片真叶时定植。

3. 整地定植

每亩施腐熟农家肥 5 000 千克、氮磷钾复合肥 15 千克，整平整细，作畦，畦宽 1～1.2 米，结球生菜定植的株行距为 25 厘米×35 厘米。定植前一天苗床要浇水，定植时把苗从苗床中切割起出，栽苗深度以苗坨与垄面持平，栽完后一次浇足定植水，9 月初定植。

4. 田间管理

（1）温度管理　结球生菜性喜冷凉气候，生长适温为 15～20℃，叶球生长适温为 16～18℃。视天气情况，当外界夜间最低气温降到 2℃左右时扣膜，扣膜后 10 天内可放底风，使结球生菜逐步适应。当外界夜温不低于 15℃时，棚室顶部风口和下部风口可昼夜通风。当外界出现霜冻时，夜间放下底风，白天进行放风。白天棚内温度保持在 18～22℃，夜间 12～14℃。即使遇到连阴天，也要坚持短时间通风换气，降低棚内湿度。当夜温低于5℃（约11月上旬），夜间关闭风口。外界温度0℃以下时，棚外要盖草苫，加强保温。

（2）肥水管理　结球生菜缺水、缺肥，容易"蹿"，必须满足肥水的要求。浇足定植水5～6天可缓苗成活，缓苗后7～10天浇第二次水，并随水追施氮磷钾复合肥20千克，结合浇水，中耕松土、蹲苗。结球生菜根系浅，中耕不宜太深。当心叶变绿，结束蹲苗，及时由"控"转为"促"。10月20日扣膜之前要进行第三次追肥浇水，每亩追施氮磷钾冲施肥10千克，约15～20天后视墒情可再随浇水追施氮磷钾冲施肥10千克。以后随着温度降低控制灌水量，采收前10天停止浇水、施肥。

（3）病虫害防治　虫害主要是蚜虫和小菜蛾。防治蚜虫可用10%吡虫啉2 500倍液喷雾；防治小菜蛾可用5%卡死克乳油2 000倍液喷雾。病害主要是霜霉病和软腐病。防治霜霉病可用72%杜邦克露800倍液喷雾；防治软腐病可用72%农用链霉素可湿性粉剂4 000倍液喷雾，10天喷一次，连喷2～3次。

5. 采收

定植后50天左右（11月中下旬）可根据市场需求陆续采收，但采收时间不宜过长，以免造成裂球，降低商品性。

二、皱叶莴苣（散叶生菜）设施栽培

（一）大棚栽培

大棚生菜栽培，投资少，技术简单，生长周期短，一年可实现多茬次生产，经济效益可观。

1. 栽培模式

采用大、中棚生产，冬季覆盖草帘或保温被保温，棚内也可增加第二层膜保温；夏季覆盖遮阳网，加大大通风降温，春秋与外界光温基本一致，栽培时采取高密度育苗，分散稀植培养。育苗期一般春、秋季15～20天，夏季20天，冬季20～25天。稀植培养春、秋季20～25天，夏季10～15天，冬季25～30天。

2. 品种选择

选择大速生、美国翡翠生菜、玻璃生菜、意大利生菜、软尾生菜等品种。

3. 育苗

采用平畦育苗或穴盘育苗。

（1）平畦育苗　苗床苗畦整地要细，床土力求细碎、平整，每立方米施入腐熟细碎农家肥10～20千克，磷肥25克，撒匀，然后翻耕掺匀，整平畦面。播种前浇足底水，待水渗下土层后，在苗畦上撒一薄层过筛细土，厚约3～4毫米，随即撒籽。播量2～3克/米^2。

（2）穴盘育苗　选择长52厘米、宽28厘米、高5.5厘米、128孔型的黑色塑料穴盘，蔬菜专用育苗基质或自己配制。自配基质可选用草炭、珍珠岩、蛭石，以3∶2∶1比例混合，然后每立方米加入腐熟粉碎的干鸡粪10～15千克、尿素500克、磷酸二铵600克、土壤杀菌剂（50%多菌灵可湿性粉剂200克、70%甲基托布津可湿性粉剂150克，稀释喷雾）搅拌均匀，基质含水量达到手握成团、松手即散时即可，及时填装穴盘。

将填装好的穴盘平放在塑料大棚内，床面要求平整、土质疏松，专业育苗棚可铺一层砖或厚塑料膜，防止根透出穴盘底部往土里扎，利于秧苗盘根。棚架上用塑料薄膜和遮阳网覆盖，有防风、防夏季暴雨、防强光和降温作用。到出圃时，幼苗根系已长满穴孔并把基质裹住，很易拔出，不易受伤。

（3）种子处理　播前对种子进行处理。气温适宜的季节，用干种子直播。夏季高温季节播种，种子易发生热休眠现象，需用15～18℃水浸泡催芽后播种，或把种子用纱布包住浸泡约半小时，捞起沥去余水，放在4～7℃的冰箱冷藏室中2天再播种。也可把种子贮放在-5～0℃的冰箱里存放7～10天，打破种子休眠，提高发芽率。2～3 天即可齐芽，80％种子露白时应及时播种。

（4）播种　生菜种子发芽时喜光，在红光下发芽较快，所以播种不宜深，播深不超过 1 厘米。播后上面盖一薄层蛭石，浇水后种子不露出即可。苗畦育苗，撒籽后覆盖过筛细土，厚约 0.5 厘米。经低温催芽处理后的种子，播后在畦上覆盖一层塑料薄膜，约 2～3 天，见种子露白再撒一层细土，以不见种子为度。

（5）苗期管理　保护地用穴盘育苗，播种后把温度控制在 15～20℃，约 3～4 天苗出齐。由于出苗率有时只有 70％～80％，需抓紧时机将缺苗孔补齐。苗期温度白天控制在 15～18℃，夜间 10℃左右，不宜低于 5℃。要经常喷水，保持苗盘湿润，小苗 3 叶 1 心后，结合喷水喷施 1～2 次叶面肥（0.3％～0.5％尿素加 0.2％磷酸二氢钾水溶液），并注意防治温室病虫害。

气温较低季节育苗及夏季，要防晒、防雨水冲刷，宜覆盖塑料薄膜或草帘，小苗出土后先不忙撒掉覆盖物，等小苗的子叶变肥大、真叶开始吐心时，再撒去覆盖物，并在当天浇一次水。特别是在天热的季节，要在早晚没有太阳暴晒的时候撒除覆盖物，随即浇水，浇水后还需上一次过筛的细土，厚约 3～4 毫米。夏季育苗要防止子苗徒长，采取适当遮阴、降温和防雨涝措施，苗出真叶后进行间苗、除草等作业。在 2～3 片真叶时进行分苗。分苗用的苗畦要和播种畦一样精细整地、施肥，分苗当天先把播种畦的小苗浇一次水，待畦土不泥泞时挖苗，移植到分苗畦，按 6 厘米×8 厘米的株行距栽植，气温高时宜在午后阳光不太强时进行分苗，分苗移植后随即浇水，并在苗畦上盖上覆盖物，隔一天浇第二次水，一般浇 2～3 次水后即能缓苗。

4. 定植

（1）定植时间　缓苗后撒去覆盖物，以后松土一次，适时浇水，苗有 3～5 片真叶时即可定植。定植时间因季节不同差异较大：4～9月育苗的，一般苗龄20天左右、3～4片叶时定植；10月至次年3月育苗的，苗龄30～40天、4～5片叶时定植为宜。

（2）茬口安排与地块选择　在年初制定种植计划时，即应安排好每一茬生菜前后茬的衔接和土地的选择。为保证产量和质量，应注意以下几点：①生菜生长快速，怕干旱，也怕雨涝；②土壤要选择肥沃、有机质丰富、保水保肥力强、透气性好、排灌方便的微酸性土地；③生菜是菊科植物，前后茬应尽量与同科作物如莴笋、菊苣等蔬菜错开，防止多茬连作。

（3）整地施肥　整地要精细，基肥要用质量好并充分腐熟的畜禽粪，每亩用量3 000～5 000千克，加复合肥20～30千克。作畦按不同的栽培季节和土质而定。一般春秋栽培宜作平畦，夏季宜作小高畦；地势较凹的地宜作小高畦或瓦垄畦；如在排水良好的沙壤地块可作平畦；在地下水位高、土壤较黏重、排水不良的地块应作小高畦。畦宽一般1.3～1.7米，定植4行。

（4）起苗栽植　起苗前浇水切坨，多带些土。穴盘育的苗在种前喷透水，定植时易取苗，且成活率高。苗床育的苗，挖苗时要带土坨起苗，随挖随栽，尽量少伤根。种植时按株行距定植整齐，苗要直，种植深度掌握在苗坨的土面与地面平齐即可。开沟或挖穴栽植，封沟平畦后浇足定植水。定植后温度白天保持20～24℃，夜间保持10℃以上。

（5）定植密度　不同的品种、在不同的季节，种植密度有所区别。一般行距40厘米，株距30厘米。大株型品种，秋季栽培时，行距33～40厘米，株距27厘米，每亩栽苗5 800株；冬季栽培时，可稍密植，行距25厘米，每亩栽6 500株。株型较小的品种，如奥林、达亚、凯撒等，夏季生产宜适当密植，行距30厘米，株距20～25厘米，每亩栽苗6 200～8 000株。

5. 田间管理

（1）浇水　浇透定植水后中耕，保湿缓苗，保证植株不受旱。浇缓苗水后，要看土壤墒情和生长情况掌握浇水次数，一般5～7天浇一次水，沙壤土3～5天浇一次水。春季气温较低时，土壤水分蒸发慢，水量宜小，浇水间隔的日期长；春末夏初气温升高，干旱风多，浇水宜勤，水量宜大；夏季多雨时少浇或不浇，无雨干热时应浇水降低土温。生长盛期需水量多，浇水要足，使土壤经常保持潮润。叶球结成后要控制浇水，防止水分不均造成裂球、烂心。保护地栽培，开始结球时，田间已封垄，浇水应注意既要保证植株对水分的需要，又不能过量，以免湿度过大。

（2）施肥　以底肥为主。底肥足时生长期可不追肥，至结球初期，随水追一次氮素化肥，促叶片生长；15～20天追第二次肥，以氮磷钾复合肥较好，每亩约15～20千克；心叶开始向内卷曲时，再追施一次复合肥，每亩施20千克左右。

（3）中耕除草　定植缓苗后，为促进根系发育，宜进行中耕、除草，使土面疏松透气。封垄前酌情再中耕除草一次。

（4）病虫害防治　应以预防为主，加强田间管理。蚜虫危害多在秋冬季和春季，可用一遍净（吡虫啉）等喷雾防治。若有地老虎危害，可用90％敌百虫800倍液喷洒地面防治。菌核病多发生在2～3月，可用70％甲基硫菌灵可湿性粉剂500～700倍液或50％扑海因可湿性粉剂1 000～1 500倍液喷雾防治。软腐病在高温多雨月份易发生，可用浓度47％加瑞农可湿性粉剂1 000倍液或72％农用硫酸链霉素可溶性粉剂4 000倍液及时喷雾，霜霉病可用75％百菌清可湿性粉剂500倍液喷雾，采收前15天停药。

6. 采收

生菜采收宜早不宜迟，以保证其鲜嫩的品质。当植株长至具有15～25片叶、株重100～300克时，及时采收。亩可采收1 500千克。采收时去除根部黄叶，散叶生菜用扎绳3～5株一捆，结球生菜可单独包装。

（二）日光温室秋冬茬栽培

1. 品种选择

应选用耐寒、抗病性强、产量高、品质好且适宜温室种植的新品种。如大湖 659、大湖 118、花叶生菜、玻璃生菜、耐寒品种皇后、抗寒奶油生菜等。

2. 壮苗培育

（1）种子处理　播种前用 75% 百菌清粉剂或配成 500～600 倍液喷播种床，进行土壤消毒。注意拌种后种子应立即播种。

（2）配制营养土　选择肥沃园田土 1 份，腐熟优质厩肥 1 份，并加入少量复合肥，充分混合均匀后铺入苗床，营养土厚 10 厘米。

（3）苗床准备　一般定植 1 亩栽培田，需苗床 8～10 米²，苗床面积与定植面积之比约为 1：20。育苗畦宽约 1 米，畦内先亩施腐熟有机肥 1 000～1 500 千克、三元复合肥 20 千克，深翻 25 厘米左右耧细耙平，并筛出细土 100 千克左右，做覆土。然后，苗畦中浇透水，待播。

（4）播种及播后苗期管理　在 10 月 15 日前后播种，播前苗床应浇透水，掺细沙，均匀撒播，播后盖 1 厘米厚细土，亩用种量 25～40 克。同时，盖膜保墒，出苗后及时撤膜以防烧苗。播后室温保持在 20～25℃，每天早晚喷一次水。苗期喷 1～2 次 70% 甲基托布津防病，播种至出苗，保持畦面土壤湿润。苗出齐后室温白天保持在 15～20℃，夜间 8～10℃，如果后期夜温低于 10℃，可搭小拱棚，上盖草苫，促使幼苗生长，苗龄 30～35 天，4 片真叶时定植。

3. 定植

（1）定植前准备　定植前先扣棚提温，先喷洒 72% 克露可湿性粉剂 800 倍液，同时浇一次透水，亩施优质农家肥 4 000～5 000 千克，过磷酸钙 30～40 千克，碳酸氢铵 25～30 千克，钾肥 15～20 千克。深翻、耧耙均匀后，将地整平整细，覆地膜，作畦，宽 1 米。

（2）定植方法　11 月 15 日前后定植，采用平畦移栽，起苗前浇水湿润床土，起苗时要带土坨，减少伤根。按株距 20 厘米、行距 30 厘米定植，深度与幼苗土坨相平，千万不能埋住心叶，影响缓苗。然后浇足定植水，5～6 天即可缓苗成活。

4. 定植后管理

（1）温度管理　定植后室内温度可稍高，白天 20～22℃，夜间 15～17℃，缓苗后白天温度降至 15～20℃，夜间 13～15℃。收获期间为延长供应期，降低室温，白天温度 10～15℃，夜间 5～10℃。在温度管理上，通过按时揭盖草苫，及时清除棚膜上的灰尘，增加透光率，做好温室通风换气和通风排湿工作，防止湿度过大引发病虫害，使植株在适宜的环境中生长。

（2）水肥管理　定植后结合浇水追提苗肥，亩追尿素 5～7千克。根据土壤墒情和生长情况掌握浇水次数，一般 5～7 天浇一次水，保持畦面持水量 60％～70％。生长盛期需水量多，要保持土壤湿润，防止水分不均造成裂球和烂心。保护地栽培开始结球时浇水，既要保证植株对水分的需要，又不能过量，控制田间湿度不宜过大，以防病害发生。

（3）中耕除草　中耕次数不宜太多，进行中耕除草 1～2 次。切忌在中耕除草时伤到根系。

5. 病虫害防治

（1）病害防治　主要是霜霉病、灰霉病、菌核病、软腐病、黑腐病。未发病前，用多抗霉素 300 倍液或代森锰锌 300～500倍液预防；霜霉病用克露 800 倍、杀毒矾 400 倍液、安克 2 500倍液进行防治；灰霉病、菌核病用速克灵或宝丽安 800～1 000倍液进行防治；软腐病、黑腐病用可杀得 800 倍液或农用链霉素3 000 倍液进行防治；一般 7～10 天喷一次，如遇连阴雨天气，则 5～7 天喷一次，也可用一熏灵烟雾剂熏蒸。

（2）虫害防治　主要有蚜虫、棉铃虫、蜗牛、菜青虫等。夜蛾类（包括烟青虫、棉铃虫）可用安打 3 750 倍液或抑太保 2 000倍液进行防治；蜗牛用密达 400～500 克/亩撒施在作物根际土表；蚜虫可在室内悬挂黄色黏板诱杀成虫。

（3）农业防治　要立足农业防治为主，药剂防治为辅，严禁使用禁止农药。由于生菜叶片着生部位低，叶片排列紧，及时清除受害叶片，以防传染。加强田间管理，保持室内空气新鲜和光照充足，有利于光合作用。

6. 采收

采收前 5～7 天控制浇水，散叶生菜适时采收的标准是无虫咬，无病害，发棵大，颜色亮丽。

三、直立莴苣（油麦菜）设施栽培

直立莴苣也叫油麦菜，又名莜麦菜，有的地方又叫苦菜，是生菜中尖叶的一种，品种不是很多，目前用得最多的是纯香油麦菜，由国外引进。油麦菜耐热、耐寒、适应性强，可春种夏收、夏种秋收，早秋种植元旦前收获。

（一）大棚栽培

1. 栽培季节

油麦菜栽培一般采用育苗移栽方法，因为其种植密度大，根系再生能力强，故一般采用苗畦育苗的方式，而不采用穴盘、营养钵等育苗方式。育苗最好在保护地进行，可起到保温、保湿、防雨、防晒等作用。苗畦宽 1.3 米，长度依具体情况而定，一般不超过 8 米，畦面应平、细、软。苗畦施适量腐熟有机肥，浇透水。油麦菜种子小，播种前须掺细土，撒播，播后覆过筛细土，再覆一层地膜，出苗后揭去地膜，5～7 天后出苗，当苗长至 3～4 片真叶时即可移栽本田。

可排开播种，陆续上市供应市场。早春 1～3 月中棚内播种育苗，一般 6 米宽棚作 2 条畦，中间开 1 条沟，深翻筑畦，浇足底水，种子撒播畦内，覆盖一层土，以盖没种子为度，平铺塑料薄膜，一般 10～15 天出苗，逢阴雨低温，出苗时间长些。齐苗后揭除地膜，通风换气，白天防高温伤苗，晚上防冻害。夏播 4～6 月露地育苗，选择高势地，2 米连沟，深翻施腐熟厩肥，筑畦整平。浸种 3 小时，待种子晾干后播种。育苗床浇足底水，将种子散播在畦面上，并盖好土，浇足水，如遇高温干旱，畦上覆盖遮阳网，齐苗后早晚揭网，苗床肥水适中，不宜过干。秋播 7～9 月浸种催芽，将种子用纱布包好后浸水 3～4 小时，然后取出放入冰箱冷藏室内 10～15 小时，有 75％ 出芽即可播种；育苗最好用小拱棚或大棚，出苗后注意土壤墒情，不宜过干过湿，并及时拔除杂草，确保排水通畅。冬季栽培可于 11～12 月播种育苗，前提是大棚要施好基肥，翻耕作畦，6 米宽的大棚作 2 畦或 3 畦，播种田床土要耙细，隔天浇足底水，然后撒播，每分地播籽 150 克左右，可供种植大田 3 亩左右，播后撒一层营养土盖没种子，再平盖一层塑料薄膜或地膜。出苗后及时揭去平盖的薄膜，加强管理，做好通风换气和保暖工作。

2. 育苗技术

油麦菜夏秋栽培必须催芽播种，否则难以保证育苗成功。油麦菜种子发芽适温为 15～20℃，超过 25℃ 或低于 8℃ 不出芽。简单易行的发芽方式是先将种子用清水浸泡 4～6 小时，然后捞起沥干，装入丝袜内。可选择以下 3 种方法催芽：

（1）河沙催芽法　即在阴凉处铺上湿润的河沙 20～30 厘米厚，然后将浸泡过的种子撒在河沙表面，再铺 1～2 厘米厚湿河沙，并用新鲜菜叶盖上。

（2）保温瓶冰块催芽法　将浸泡好的种子吊在瓶内，在瓶内加上清水、冰块，保持 15～20℃，每隔一天冲洗一遍，并坚持换水、加冰块。

（3）催芽箱催芽法　把浸泡好的种子用纱布包好，放入 15～20℃ 的催芽箱内，并坚持每天冲洗一遍。

经过 2～4 天催芽，有 60％～70％ 出芽时即可播种。适宜季节可直播育苗、冬春可在拱棚内保温育苗，夏秋季节最好采用遮阳网遮光降温生产。

3. 定植

选择前茬未施过普施特、豆磺隆等长残效除草剂的地块种植，一般采取平畦栽培。定植前深翻土地，施足基肥，一般每亩施农家肥 3 吨，尿素 10～15 千克、磷酸二铵 15～20 千克、硫酸钾 5～10 千克（或复合肥 50～60 千克），撒施于地面，翻耙，将肥料与土壤充分混匀，作成平畦或高畦，畦宽 1.5～2.0 米，长10～20 米。

不同季节育苗，苗龄差异较大，夏秋季需 20～30 天，冬春季 50～70 天，一般 4～6 片真叶即可定植。适当密植可获得较高产量，株行距为 15 厘米×15 厘米，每亩移栽 2.5 万～3 万株。

4. 管理

（1）田间管理　定植时浇好定植水，一般 3～4 天后即可缓苗，1 周后浇足缓苗水，缓苗后及时中耕、深锄，以利蹲苗，整个生长发育期保持田间湿润、土壤疏松。生长期间需结合喷水追施叶面肥 2～3 次，一般用 0.2%磷酸二氢钾或其他叶面肥叶面喷洒。定植的管理方法同莴笋基本相同，须加强肥水管理，既要保持充足水分，又要防止过湿而造成水渍为害，同时要做好病虫害的防治。

（2）病虫害防治　油麦菜易发生霜霉病，发病初期可用72%甲霜灵锰锌可湿性粉剂 400～500 倍液或 72%普立克 1 000倍液喷雾。有潜叶蝇危害时，可喷施 1%蝇螨净乳油 1 500 倍液。

5. 收获

定植后根据各种条件不同，约 30～50 天即可收获，亩产量约 1 000～1 500 千克，冬季要长一些。收获时夏季在早上进行，冬季温室内应在晚上进行，可用刀子在植株近地面处割收，掰掉黄叶、病叶，捆把或装筐即可销售。如果进行长途运输，还要进行预冷，或在包装箱内放入冰决（冰块周围容易发生冻害）。

6. 采收上市

油麦菜视价格采收上市，卖菜难时，可带小上市，一般株高25厘米左右即可采收上市。菜价好时，偏大一些上市，植株可留到30～35厘米，以提高产量增加收益。种植油麦菜由于时间短，病虫害轻，经济效益比较高。

(二)日光温室栽培

1. 品种选择

日光温室栽培油麦菜，品种主要有四季油麦菜、香港油麦菜。

2. 播种育苗

(1) 播前准备　选择土壤肥沃、疏松、保水保肥性好、排灌方便的地块。可套作菜豆、豇豆、黄瓜、番茄、青椒等。秋季栽培茬口可套作定植黄瓜、芹菜、菜豆、豇豆、甘蓝等。结合整地施基肥，磷肥全部作基肥，氮肥2/3作基肥，每亩施优质有机肥3 000～4 000千克，深翻25厘米，经翻耕整地后作成宽1.0～1.2米、适当长宽的畦。

(2) 种子处理　种子纯度≥92%，净度≥97%，发芽率≥70%，水分≤10%。播前用凉水浸12～24小时，取出后放在容器内，上面盖湿毛巾保持湿润，捞出后置于15～20℃条件下催芽，每天用清水冲洗一次，保持种子湿润，约5～6天，70%种子发芽时播种。

(3) 播种技术　油麦菜适应性强，喜冷凉，较耐寒，不耐热。春油麦菜2月上中旬可播种，越冬油麦菜9月下旬播种。一般每亩播种2.0～3.0千克，播深2.0～3.0厘米。可采用撒播和条播的方式。撒播：将催芽后的种子与沙子混合后撒于整好的畦面上，覆1.0～2.0厘米细土，用铁锹轻轻镇压。条播：行距10～15厘米，开沟深度3.0～5.0厘米，将催芽后的种子与沙子混合后均匀撒于沟内，后覆土镇压。为提早出苗，可在畦面覆一层农膜，等出苗后去掉。

3. 田间管理

（1）水分管理　早春播种，幼苗刚出土时适当控水，以避免猝倒病发生。生长到 8～10 厘米时，植株进入旺盛生长期，及时浇水，整个生长期间不能缺水，要保持土壤湿润。

（2）养分管理　生长初期一般不需施肥浇水。到生育中后期，进入旺盛生长期，吸收肥水量逐渐增大，可酌情追肥，每亩追施尿素 15～20 千克。秋延后种植油麦菜，幼苗期当外界温度降至 10～12℃时扣棚，扣棚前灌水、施肥一次，每亩追施尿素 5～10 千克。

（3）温度管理　出苗前棚温控制在 20～30℃，以利于种子迅速出土，出苗后棚温保持 17～20℃，超过 25℃及时放风，以防徒长。秋延后油麦菜，当外界温度降至 10～12℃时，及时扣棚，棚温控制在 15～20℃，当室内温度升到 25℃时，顶部放风。越冬油麦菜要注意保温，必要时人工辅助加温。

（4）定苗　油麦菜长出 2～3 片心叶时间苗，4～5 片叶时定苗，株距 10～15 厘米，并拔除田间杂草。

4. 病害防治

（1）霜霉病　①合理密植，实行 2～3 年轮作，加强田间管理，适当灌水，降低田间湿度。早春在油麦菜田内发现侵染病株，及时拔除，带出田外烧毁。②发病初期用 25％甲霜铜可湿性粉剂 600～700 倍液或 25％甲霜灵锰锌可湿性粉剂 600 倍液、40％乙磷铝可湿性粉剂 200～300 倍液、72.2％普力克水剂 800 倍液喷雾，隔 5～7 天喷一次，交替喷雾防治 2～3 次。

（2）叶枯病　①不重茬，加强田间管理，保持田间干湿适度；清洁田园，及时清除病残体。②发病初期用 70％甲基托布津喷雾防治。

5. 采收

油麦菜采收不严格，14～16 叶均可采收。采收过早产量偏低，过晚则抽薹，影响品质。一般在清晨揭草帘后或下午采收。

四、叶用莴苣夏季遮阳网栽培

生菜是一种喜凉性的蔬菜，在高温强光的夏季栽培困难，采用遮阳网覆盖技术，在夏季也可以栽培成功。

1. 品种选择

选用耐热、抗病、早熟的品种，如大湖、皇帝、和平、大使、奥林匹亚等。

2. 培育壮苗

（1）催芽　生菜种子发芽的适温为 15～20℃，超过 30℃时基本不发芽。为避免发芽时高温的影响，催芽时先用 15～18℃的凉水浸泡 8～12 小时后，用湿布包好悬在井内水面以上 30 厘米处催芽；也可用 100 毫克/千克赤霉素（或硫脲）浸种 2～4 小时，或用 100 毫克/千克 6 - BA（苄基氨基嘌呤）处理 3 分钟后浸种催芽。催芽过程中每天要用凉水清洗种子一次，并翻动种子 1～2 次。当种子 70% 以上露白时即可播种。

（2）播种　夏季遮阳网栽培生菜的供应时间是 8～9 月份蔬菜淡季，播种时间以 5 月底至 6 月初为宜。播种时先在苗床内按每标准畦（22.5 米×1.5 米）施充分腐熟的优质有机肥 200～300 千克、复合肥 2～3 千克，然后将苗床深翻、整平、耙细，浇透水，待水渗完后将种子均匀撒播在苗床上，每个苗床播种量 70～80 克，2 个标准畦可定植 1 亩菜地。播后用过筛的细土均匀覆盖 1～1.5 厘米，然后取遮阳网覆盖在畦面上，以保湿降温。宜选用银灰色、遮光率 50% 左右的遮阳网。

（3）苗期管理　生菜出苗前，如果苗床干旱可用喷壶洒水。在出苗时若发现有"戴帽"现象，可于傍晚在畦面上撒一层细土。生菜大部分出土时，要将畦面上的遮阳网揭去，并在畦上插小拱，再把遮阳网覆盖在小拱上，以降温、防雨、减少水分散失。小拱棚覆盖遮阳网时，应在小拱的两边各留 20 厘米通风口。苗床内若在中午发现苗子有轻度萎蔫，可于傍晚用喷壶洒水。在苗子长到 2～3 片真叶时要及时间苗，保持苗距 6～8 厘米，同时拔除苗床内的杂草，苗龄 20～25 天、苗子 4～5 片真叶时即可定植。

3. 定植

（1）**定植前准备**　为保护遮阳网和方便遮阳网拉动，要在遮阳网两边缝上线绳，并于定植前一周将棚面盖上遮阳网，遮阳率 70％～80％为宜。遮阳网宜用压膜绳压住，并在棚地内每亩施入充分腐熟的优质有机肥 3 000～4 000 千克，复合肥 20～25 千克，深翻土地，整平耙细后作成宽 150 厘米的平畦。

（2）**定植方法**　定植宜选在晴天傍晚或阴天时进行，定植前先将苗床浇透水，带土起苗。定植时在苗床内按行距 30 厘米开沟，沟深 10 厘米，按株距 25 厘米明水栽苗。定植深度以刚刚埋没土坨为宜。定植后立即浇水，以促进缓苗。

4. 田间管理

（1）**肥水管理**　定植后要保持田间湿润，以促进莲座叶生长。在生菜新长出 5～8 片叶子时追施一次肥料，每亩可施尿素 10～15 千克，以后保持土壤见干见湿。在生菜开始结球后加大浇水量，并注意保持土壤湿润，此时要进行第二次追肥，每亩可追施复合肥 15 千克左右，以促进叶球形成。浇水时宜选在傍晚采用井水浇灌，并注意供水均匀。在采收前 3～4 天停止浇水，以利收后贮藏运输。

（2）**中耕除草**　在植株生长的前期易发生草荒，为消灭杂草，田间要进行 2～3 次浅中耕。在植株封垄后停止中耕，个别滋生的杂草要注意人工拔除。

（3）**病虫防治**　夏季生菜容易出现病虫为害，主要有病毒病、霜霉病、软腐病等传染病和裂球等生理病，以及蚜虫、地老虎等虫害。

防治病毒病可用 20％病毒 A 500 倍液或 83 增抗剂 100 倍液喷雾；防治霜霉病可用 40％瑞毒霉 600 倍液或 50％的霜特净

600 倍液喷洒；防治软腐病可用 72% 农用链霉素或 1% 新植霉素、70% 抗菌四〇二 3 000～4 000 倍液灌根。使用药剂防治时要注意用药的连续性，一般每 5～7 天用药一次，连续 2～3 次。

防治蚜虫可用 25% 溴氰菊酯 3 000 倍液或 50% 灭蚜松乳油 2 500 倍液喷雾。为防止地老虎危害，可用敌百虫配成毒饵诱杀，并注意留足备用苗。

（4）遮阳网管理 定植后，每天下午棚内温度降到 20℃ 后拉开遮阳网，以增加光照，早晨棚内温度升到 25℃ 左右时拉上遮阳网，以防高温危害。当天气出现阴天时，要将棚面上的遮阳网拉开，以防止遮光。降雨天气要及时拉上遮阳网，以防暴雨危害。

5. 收获

一般根据早、晚熟品种不同，定植后 40～70 天即可采集，叶球结实过紧易开裂。采收时从地表割裂，除去外部老叶即可上市，长途运输必须进入冷库打冷 24 小时，冷库温度控制在 2～8℃，用制作好的保鲜膜进行包装。

五、叶用莴苣防虫网栽培

防虫网是一种防治蔬菜虫害的新材料，以聚乙烯为原料，经拉丝织造而成，形似窗纱，具有耐拉强度大、抗紫外线、抗热、耐水、耐腐蚀、耐老化、无毒无味等优点，使用年限 3～5 年。对防止虫害侵入、减轻或避免灾害性天气危害，减少或少用农药，进行无公害蔬菜生产，具有良好的效果，尤其在夏秋叶菜生产方面效果更为突出。

防虫网规格种类较多，一般选用 22 目或 24 目，据最新研究表明 17 目的效果也不错。防虫网颜色有白色、银灰色等，以银灰色的防虫网为好，既适宜蔬菜正常生长，又利于防止害虫侵入。

1. 品种选择与种子处理

选择抗病、抗逆性强，适应性好，品质优，商品性好的品种。播前用凉水浸 12～24 小时，取出后放在容器内，上面盖湿毛巾保持湿润，捞出后置于 15～20℃条件下催芽，每天用清水冲洗一次，保持种子湿润，约 5～6 天 70％种子发芽时播种。

2. 整地施肥

前茬作物收获后，配合深耕施足基肥。一般生菜生育期较短，需肥量不大，因而生长期间不需再追肥，可一次性施足基肥。基肥每亩施有机肥 80～100 千克，腐熟农家肥 1 500～2 000千克，化肥尽量少用。

3. 播种覆网

每茬每亩均匀撒播种子 2～3 千克，播后用遮阳网浮面覆盖，即刻浇透水。待出齐苗后立即上网。覆盖前一定要进行土壤消毒，杀死残留在土壤中的病菌和害虫，切断传播源；覆盖时四周要压实压严，防止害虫潜入产卵。

4. 田间管理

（1）追肥　生菜生育期短，在施足基肥基础上，全生育期无需追肥。

（2）浇水　视气候及土壤湿度浇水，不能过干、过湿，夏秋高温期间浇水应选择清晨或傍晚，可直接浇于网上。如果采用大平棚覆盖，可避免因防虫网覆盖给肥水管理带来的不便，其使用效果会更佳，7～8 月份气温特别高时，可增加浇水次数，保持网内湿度，以湿降温；最高温度连续超过 35℃时，应避免使用防虫网，防止烂菜。一般生育期内浇水 3～4 次。

（3）病虫无害化处理　用防虫网全程覆盖，无需用农药防治害虫。

5. 采收

以早晨和傍晚为宜，产品净菜上市。产量一般每亩 1 000～2 000千克。

六、叶用莴苣有机基质无土栽培

有机基质无土栽培，具有投资省、成本低、用工少、易操作的特点，还可以生产优质、高产、无污染的食品，可达到AA级绿色食品标准，是温室作物今后发展的方向。

1．品种选择

生菜属喜冷凉、耐光性作物，耐寒性，抗热性不强，一般秋冬季和春季栽培。适合无土栽培的品种很多，大湖366、皇帝等适合四季栽培，马来克等适合秋冬栽培。

2．播种育苗

生菜种子很小，先把种子裹上一层硅藻土等含钙物质的种衣，播种比较方便。

将草炭和蛭石按3：1比例，尿素2克/盘，磷酸二氢钾2克/盘，消毒鸡粪10克/盘，混配，作为育苗基质。装入直径8～10厘米、高7.5厘米的塑料钵中，然后浇透水，再将经浸种、催芽的种子播入营养钵内。将温度调至15～20℃，以利种子发芽。以后灌溉清水以补充水分。秋冬季为使生菜能够供应市场，可每隔一周播种一次。

出苗后到2～3片真叶即可定植。

3．栽培技术

（1）栽培槽 建槽大多数采用砖结构，3～4块砖平地叠起，高15～20厘米，不必砌。为了充分利用土地面积，栽培槽的宽度定为96厘米左右，栽培槽之间的距离定为0.3～0.4米，填上基质，施入基肥，每个栽培槽内可铺设4～6根塑料滴灌带。

（2）基质配比 4份草炭：6份炉渣；5份砂：5份椰子壳；5份葵花秆：2份炉渣：3份锯末；7份草炭：3份珍珠岩。先腐熟，C/N比降到30：1。

（3）施肥浇水 在定植之前，先在基质中按每立方米基质混入10～15千克消毒鸡粪、1千克磷二铵、1.5千克硫铵、1.5千克硫酸钾，作基肥。定植后20天左右追肥一次，每立方米追1.5千克三元复合肥（15-15-15），以后只需灌溉清水，直至收获。

（4）定植　每个栽培槽可栽植4～5行生菜，株行距25厘米为宜（图7）。

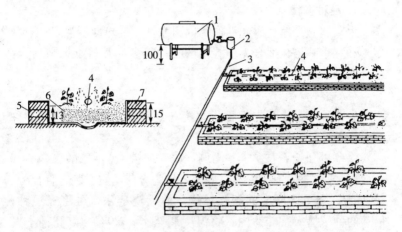

图7　有机基质无土栽培（单位：厘米）

1.储液罐　2.过滤器　3.供液管　4.滴灌带　5.砖　6.有机基质　7.塑料薄膜

（郭世荣，2003）

4. 采收

不结球生菜长到一定大小时即可采收，结球生菜一般到叶球紧实时采收，采收时可连根拔出，带根出售，以表示系无土栽培产品，能够引起人们更大的兴趣，且有比较好的售价。采收后可经过初加工，即采用保鲜膜包装上市，可取得更好的经济效益。

七、叶用莴苣无土栽培

无土栽培又称水培，是不用土壤，完全用营养液（化肥水溶液）栽培植物的方式。当前在涉外宾馆饭店中，蔬菜供需矛盾最为突出的是叶用莴苣，不仅要求周年均衡供应，而且要求产品无污染。传统的土壤栽培方式已难以完全满足需要，因此叶用莴苣无土栽培是一种很有发展前景的栽培方式。

（一）无土栽培的优点

1. 产品无污染

在土壤中栽培蔬菜，需要施用大量有机肥以改良土壤结构，供给蔬菜所需养分，但人畜粪尿中含有大量病菌、虫卵、微生物，难免会污染蔬菜。另外，土壤栽培时，需要喷施农药消灭病虫害及杂草，又会造成农药污染。特别是作为生食的叶用莴苣受污染后，对消费者健康的损害更大。无土栽培所用肥料都是化学产品，不仅可以避免土传病虫害，不需要喷施农药，而且是在温室或塑料大棚中栽培，减少了大气污染，所以能够生产出清洁卫生的无污染蔬菜。

2. 产量高

无土栽培解决了土壤栽培不易解决的水和空气的矛盾，所用营养液是按不同植物的需要配制的，而且不会像在土壤中栽培那样被固定、被转化为难溶性状态，因此可以被植物充分吸收利用。在水、肥、气、温最佳配合的人工控制条件下，莴苣产量大大提高。据报道，叶用莴苣采用无土栽培时，产量一般较土壤栽培提高 1 倍以上，高者可增产 3 倍。

3. 节省用水和肥料

有土栽培的灌溉水大部分被蒸发掉或渗透到土壤下层，被植物吸收利用的仅仅是少部分，而且施用的肥料由于土壤固定和转化作用，一般损失一半以上。采用无土栽培时，水和肥可以按植物的实际需要供应，损失较少，而且营养液可通过进水管道、集水管道及集水槽多次利用。用茄子做的试验表明，无土栽培用水只占有土栽培的 1/7。

4. 不受土地限制

无土栽培地点不受土壤理化性质的制约，可以充分利用城市郊区的非耕地乃至家庭院落建造简易的保护设施，进行无土栽培，在较小的土地面积上进行集约化栽培，获取较高的经济效益。

5. 劳动强度较小

有土栽培的田间作业如耕、锄、耙、糖等劳动强度较大，无土栽培则可以在室内利用机械化和自动化设施代替繁重的体力劳动。

6. 克服土壤的连作障碍

同一栽培槽可以连续进行叶用生菜栽培，一年可安排 8 茬以上。

无土栽培虽然有很多优点，但还存在一些问题。例如，一次性投资较大，技术性较强，栽培管理要求严格，没有经过专门培训的人员不可盲目大搞。

（二）无土栽培的方式

目前叶用莴苣的无土栽培一般有两种方式，即营养液膜技术及深液流技术。

1. 营养液膜技术（NFT）

用砖、水泥或硬塑料做成栽培槽，栽培槽的坡度为每 80～100 米降低 1 米（80～100∶1）。槽内铺塑料薄膜防渗漏。栽培槽内经常保持一薄层（2～3 毫米）营养液，栽培槽上覆盖发泡聚苯乙烯板，板上有栽植孔。将育好的苗子插入栽植孔中，根系便悬挂或直立于栽培槽中，槽底的一薄层营养液不断缓慢流动，使生长在栽培槽中的根系处在黑暗和水、气及营养具备的环境中。由于营养液在槽内是薄薄的一层，所以称为营养液膜技术。

NFT 水培设施可根据财力状况购置成套设备，也可以自行设计、制造和安装。上海农机研究所已研制出国产 NFT 水培配套设施，主要包括 6 米×30 米镀钵钢管塑料大棚、NFT 水培床（50 平方米）、QXT 型潜水泵（功率 180 瓦）、SK‑36 型可编程序时间控制器、温度控制器、电热棒加热器、便携式 pH 计（酸度计）及 EC 计（电导仪）。如果自行设计、制造和安装，可参考图 8。

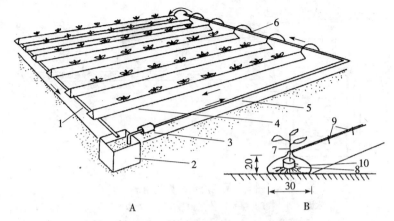

图 8　营养液膜栽培设施组成（单位：厘米）

A.NFT 全系统示意图　B. 种植槽示意图

1. 回流管　2. 贮液池　3. 泵　4. 供液主管　5. 供液支管　7. 苗

8. 育苗钵　9. 木夹子　10. 黑白双面塑料薄膜

（郭世荣，2003）

营养液膜技术虽然可以较好地解决根系吸水和吸氧的矛盾，但还存在一些缺点，如液流浅，液温不稳，根际环境稳定性差，一旦停水停电或水泵损坏，根系长期暴露在空气中，造成整株萎蔫等。

2. 深液流技术（DFT）

DFT 的主要特点是栽培槽中有一定深度（5～10 厘米）的营养液。为了解决供氧不足的问题，在进液口需要安装增氧器。另外，排液口设有开关，可根据作物生长情况及栽培季节调节栽培床内营养液水位的高低。DFT 技术的好处是，如遇停电或水泵损坏，可在一定时期内保证作物水分和养分的需要。如果自行设计、制造和安装，可参考图 9。

叶用莴苣除采用 NFT 技术和 DFT 技术外，还可以采用以蛭石、熏炭、岩棉、炉渣、珍珠岩或泡沫塑料为基质的水培。将无土育苗的苗子定植在装有基质的容器中，浇灌营养液。

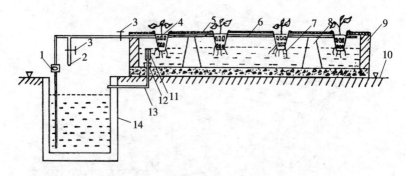

图9 深液流栽培设施组成

1. 水泵　2. 增氧支管　3. 流量调节阀　4. 定制杯　5. 定植板

6. 供液管　7. 营养液　8. 支撑墩　9. 种植槽　10. 地面　11. 液层控制管

12. 橡皮管　13. 回流管　14. 贮液池

（郭世荣，2003）

（三）营养液配方

植物的生长需要吸收很多种元素，其中有 16 种被认为是必要的，即碳、氢、氧、氮、磷、钾、钙、镁、硫、氯、铁、锰、硼、锌、铜和钼。碳、氢、氧 3 种元素主要来自水分和空气，其余元素要靠根系的吸收作用从土壤中或营养液中获得。在植物体干重中含量较高（一般为千分之几以上）的元素，称大量元素，有氮、磷、钾、钙、镁、硫、氯，其中氮、磷、钾三元素的需要量最大，被称为肥料三要素。在植物体干重中含量很少（一般为万分之几以下）的元素，称微量元素，有铁、锰、硼、锌、铜和钼。水培的营养液配方中应包括所栽培蔬菜需要的大量元素和微量元素。

国内在叶用莴苣水培中采用过的营养液配方如下：

配方1：每 1 000 升水中加入硝酸钙 900 克、硝酸钾 650 克、硫酸镁 500 克、磷酸二氢钾 150 克、尿素 140 克、硼酸 4.5 克、硫酸锰 1.0 克、硫酸锌 0.2 克、硫酸铜 0.05 克、钼酸钠 0.02 克、硫酸亚铁 5.0 克及柠檬酸钠 7.5 克。前 5 种含大量元素，后

7种含微量元素（卢捷藩，1990）。

配方2：每1 000升水中加入硝酸钙590克、硝酸钾32克、硫酸镁236.16克、磷酸二氢钾179.18克、硝酸钠2.38克、螯合铁ETTA 8.21克、硼酸2.48克、钼酸钠0.24克、硫酸锌0.661克、硫酸锰2.007克、氯化钠0.878克（杨世民等，1996）。

配方3：为了降低成本，有的地方用复合化肥、尿素、过磷酸钙等农用化肥加硝酸钾、硫酸亚铁、硼酸、硫酸锰配制的营养液浇灌基质，栽培散叶莴苣，也取得良好效果。其配方：每1 000升水中加入复合化肥3 000克、尿素2 000克、硝酸钾1 500克、硫酸亚铁30克、硼酸6克、硫酸锰4克（李加旺等，1987）。

配方4：每1 000升水中加入硝酸钙236克、硝酸钾404克、硫酸镁123克、磷酸二氢铵57克、螯合铁20克、硫酸锰2.86克、硼酸2.13克、硫酸锌0.22克、硫酸铜0.08克、钼酸铵0.02克（张东旭等，2012）。

营养液的浓度以1‰～2‰为适宜，最高不要超过3‰。

（四）营养液配制方法

配制营养液必须具备以下基本知识：

（1）营养液的用水关系到水培蔬菜的成败，因此必须对当地的水质有所了解。钙和镁含量高的硬水、氯化物含量高的自来水、含有害工业废水及被污染的河水和湖水等，都不能用来配制营养液。

（2）营养液的酸碱度对水培蔬菜生长有很大影响。酸碱度是由游离氢离子的浓度决定的，称之为pH值。当酸和碱的离子数相等时，溶液为中性，即氢离子浓度等于100纳摩/升（pH7.0）；当碱离子数超过酸离子数时，氢离子浓度小于100纳摩/升（pH＞7.0），表示溶液为碱性；当酸离子数超过碱离子数时，氢离子浓度大于100纳摩/升（pH＜7.0），表示溶液为酸性。

不同蔬菜对营养液酸碱度的反应不完全相同。叶用莴苣生长的适宜氢离子浓度为 158.5～316.3 纳摩/升（pH6.5～6.8），如果营养液的酸碱度不适宜，根的先端首先发黄、坏死，然后叶片很快褪绿。所以水培时要经常检测营养液的反应，使之保持适宜的酸碱度。

（3）用于配制营养液的盐类必须存放在玻璃或陶瓷容器中，并保持干燥，不能装在金属容器中，以免与盐类发生化学反应，改变盐类的化学组成，并会腐蚀容器。

（4）大量元素和微量元素要分别配。大量元素的每一种盐类必须先溶解于少量水中，如果配方中有过磷酸钙，最好在温水中溶解，然后将各种溶液倒入有水的容器中，充分搅拌。微量元素由于用量很少，可以先配成浓度高的混合原液，再根据计划配制的营养液量，按比例加入混合原液，例如，先按每 10 000 升营养液的比例分别称取各微量元素，溶解在 1 升水中，则配成的微量元素混合原液中微量元素的浓度提高 10 000 倍，取 10 毫升原液加于盛有 100 升营养液的容器中即达到所需微量元素浓度。

（五）营养液管理

营养液的管理主要包括营养液供液、补充调整、液温管理、酸碱度调整及供氧。

1. 供液

NFT 的供液方式是利用水泵将营养液从供液池流向供液管道，再分流至各栽培床，由栽培床排出的营养液又经过排液总管道流入集液池。集液池中的营养液再由水泵提至供液池，反复利用。所以，要恰当掌握供液的流量。叶用莴苣 NFT 营养液流量一般为每分钟 1 升，使根系在缓缓流动的营养液中获得养分和空气。流量过小，氧气供应不足；流量过大，能耗加大。DFT 供液方式与 NFT 基本相同，可以通过水泵运转及停止时间的控制，达到调节液温及增氧的目的。

2. 营养液补充和调整

在水培过程中，营养液中的水分因表面蒸发和作物叶片蒸腾作用而逐渐减少，营养液中的营养元素也会因作物的吸收利用而逐渐减少，因此需要不断补充和调整。补充的办法有以下 3 种，可根据各地具体情况选用。

（1）按照营养液的减少量推算补充液量　首先要调查所栽培蔬菜水分消耗量与养分吸收量之间的比例，也就是说，每消耗 100 份水，水中所含的养分有多少被蔬菜吸收。有关资料提出，被蔬菜吸收的养分一般占所消耗水分的 50%～70%。叶用莴苣生长期短，生长迅速，吸肥量大，可按 70% 计算。假设原来加到供液池中的营养液为 1 000 升，过了若干天，供液池中的营养液减少了 500 升，则需要补充的营养液量为 350 升（500 升×70%），然后再加水，使供液池中的总液量恢复到原来的 1 000升。

这种方法虽然比较简单，由于是间接推算出来的，所以比较粗放，但在仪器设备及技术条件较差的情况下，仍然有实用价值。

（2）电导仪法　电导仪是用来测定水溶液导电能力的仪器。水中盐类离子越多，即水溶液浓度愈高，导电能力愈强。根据这一原理，将营养液配成不同浓度的标准曲线，标明不同浓度的营养液与其相对应的电导率。营养液在使用一段时间后，水分减少，盐类离子被植物吸收利用，将水分补充到原有容积后，营养液的浓度降低。这时可用电导仪测定其电导率，再从标准曲线上找出其相应的浓度（%）。例如，从标准曲线上查出，营养液浓度降低到原有浓度的 50%，则补施的肥料量应为原供液池中加入肥料量的 50%，就可以使营养液的浓度恢复到原来的水平。这是目前水培中常用的测定和补充营养液中养分的方法。

（3）养分分析法　利用化学分析的方法测定营养液中各种

元素的减少量，然后补充到原来配制时各元素的含量。但是，如果对各元素逐一分析，不但费时费力，而且增加管理成本，可以主要分析营养液中硝态氮（NO_3-N）的减少量，再按其与其他元素的比例，补加其他成分，以保持营养液中各元素之间的平衡。

3. 营养液酸碱皮测定和调整

营养液在使用一段时间后，酸碱度会发生变化，需要定期检测并加以调整。有条件的可以用酸度计（pH 计），也可以采用很简便的试纸检测法。即使用附有比色卡的"精密试纸"，取一条试纸在营养液或水中蘸湿后，与比色卡的标准色阶相比，就可以测出氢离子浓度（pH 值）。如果营养液偏碱性时（pH 高），可加酸中和，常用的酸有硫酸和磷酸。硫酸或磷酸在加入营养液以前最好先在玻璃烧杯中用水稀释。必须牢记，在烧杯中要先盛水，然后将酸缓慢滴于水中，绝不可把水往酸中倒，否则会发生剧烈反应，造成伤害事故。营养液呈酸性时（pH 低）时，可用氢氧化钠中和。

4. 营养液温度管理

叶用莴苣水培时，营养液的适宜温度为 15～18℃。为了使液温保持在适宜范围内，冬季室外温度低时需要利用地加温线或暖气管加温。为了防止营养液温度过高、波动过大，可在栽培槽与加热装置之间加隔热板，也可以在供液池中设置加温管。夏季室外温度过高时，可在温室或大棚顶部覆盖黑色遮阳网，也可以在水培槽上设高约 1 米的长方形支架，架顶覆盖黑色遮阳网，以遮荫降温。

在调节营养液温度时，还应考虑光照度。当光照强时，液温可稍高；当光照弱时，液温应降低。

5. 营养液中氧气的调节

植物根系发育及水分、养分的吸收需要氧气。氧气不足时，根系不发达，吸水吸肥力降低，地上部生长缓慢。营养液膜技术是靠在缓缓流动的营养液中溶解的氧气供应根系的需要。在栽培槽内，根的上部处在湿润的空气中，可以吸收空气中的氧气；根的下部处在营养液中，可以从中吸收氧气、水分和养分，所以不需要充氧设备。

　　DFT 技术除了靠安装在进液口的增氧器补充氧气外，还可以增加灌液次数达到增氧的目的。应当注意的是，营养液的供液要保持稳定的流量，使营养液的液面不发生大的波动。因为处在湿润空气中的根会发生大量的根毛，如果液面升高，这些根毛浸在水中就会腐烂。

（六）无土栽培技术要点

1. 茬次安排

　　散叶莴苣及皱叶莴苣生长期较短，采收又没有严格的标准，利用 NFT 或 DFT 技术，在一年之中可以生产 10 茬：

　　2 月份至 5 月份，每月播种一茬，育苗期 25～35 天，3 月下旬至 6 月上旬定植，定植后 30～40 天收获，于 4 月上旬至 7 月上旬供应；6 月下旬至 8 月下旬播种 3 茬，育苗期 15～25 天，7 月下旬至 9 月中旬定植，定植后 25～35 天收获，于 8 月下旬至 10 月中旬供应。

　　9 月下旬至 11 月份播种两茬，育苗期 30 天，12 月中旬至 2 月中旬定植，定植后 55～60 天收获，于 12 月中旬至 2 月中旬供应。在 7 月中下旬至 8 月中旬这一段高温期采用一般的播种育苗办法进行水培往往难以成功。南京农业大学庄仲连等（1989）利用散叶莴苣采收后残留的根茬培养再生苗，突破了在炎夏高温季节难以生产生菜的难关。其方法是 4 月下旬播种、6 月下旬采收的散叶生菜，留下根茬使其发生侧芽。1 周后，每个根茬上可萌生 4～6 个芽，只保留其中 1 个壮芽，其余芽及早抹去，使其成长为再生苗。经 25 天后，于 7 月下旬开始收获，单株地上部鲜重达 30 克。结球莴苣的生长期较长，茬次适当减少。

2. 育苗

用作水培的苗子应从一开始就采用水培方法育苗，使其从小适应在水溶液中生长的环境。如果将在土壤中培育的苗子移栽到水培中，细小的根一旦浸泡在营养液中就会死亡，待重新发生新根后才能恢复吸收作用。水培生菜可以在育苗盘中播种，用蛭石作育苗基质。育苗盘底部铺一层报纸，然后装入蛭石，蛭石的厚度一般距育苗盘的上沿 0.5 厘米，装好后用直尺刮平。

6 月份至 8 月份播种时，因温度较高，播种前应进行低温浸种催芽（其方法见前面所述）。其他月份可用干籽播种。播种时将种子均匀撒在蛭石上。种子上面薄薄盖一层蛭石，然后将育苗盘平放在水池中，水深不超过育苗盘，使水分由盘底部的小孔中渗入蛭石，直至水分饱和后，取出育苗盘。如果是在高温季节播种，育苗盘要放在阴凉处促发芽，发芽后将育苗盘移至有散射光处，使其见光，防止徒长，但不要放在强光下，以免幼苗枯萎死亡。

由于蛭石的保湿性好，出苗前不需要补充水分。出苗后如果水分不足，可用微型喷雾器喷水，水中加 30％的营养液，为幼苗提供养分。

3. 定植

幼苗有 3～4 片真叶时为定植适期。苗子过小，定植后不易成活；苗子过大，根系相互交叉，取苗时易损伤根系和叶片。

定植前一周左右，适当控制水分，促进根系发育，并使蛭石松散，以便于起苗。起苗时将苗连同蛭石一起取出，尽量少损伤根系。供定植用的营养钵，依品种株型大小而不同，直径为 2.5～4.0 厘米。营养钵中先加一部分蛭石，将苗子直立于钵的中央，再加蛭石将营养钵填满，然后将营养钵插入水培床盖板的定植孔中。也可以在起苗后用水将根上的蛭石洗去，直接立于营养钵内，不加蛭石。

采用 NFT 技术的生菜还可以采用膨胀塑料育苗，将催芽后的生菜种子播于装有膨胀聚氨甲酸乙酯或膨胀聚苯乙烯小方块的育苗盘中，盘内盛水，使其渗入到小方块中。在苗子有 3～4 片真叶时，连小方块定植到栽培床盖板的孔穴中。

4. 管理

定植后的管理主要包括营养液液面调整、营养液浓度及酸碱度调整、温湿度调整等。

定植初期，幼苗的根系短而少，如果栽培床的液面太低，液面与盖板之间的距离过大，幼苗的根便不向下伸长，最终枯萎死亡。所以，刚定植时不但营养钵或膨胀塑料小方块中要加营养液，而且栽培床中的营养液液面也要适当升高，使液面与盖板之间保持 1～2 厘米的距离，以利幼苗根系伸长。随着根系的生长，逐渐降低液面，加大液面与盖板之间的距离。营养液管理的重点是根据气候及生菜生长情况，定期测量、记载营养液消耗量，检测营养液的电导率和氢离子浓度，进行补水、补肥，使电导率保持在 2.5 西/厘米左右，氢离子浓度保持在 316.3 纳摩/升（pH6.5）左右。氢离子浓度低于 100 纳摩/升（pH＞7.0）时，可用 1 份硝酸和 3 份磷酸的混合溶液加以调整；氢离子浓度高于 1 000 纳摩/升（pH＜6.0）时，可用 0.5 %～1. 0 %的氢氧化钠溶液加以调整。在温湿度管理方面，除了前面所述营养液管理方法外，还应注意塑料大棚内的温湿度调节。白天大棚内的最高气温不宜超过 23℃，夜间最高气温不宜超过 15℃，可根据此标准掌握开始通风换气时间及通风时间长短。棚内的最低气温不宜低于 4℃。在温度低的栽培季节，除了对营养液加温外，还要加强大棚的保温措施。

5. 收获

可根据市场需要，灵活掌握散叶莴苣和皱叶莴苣收获期。结球莴苣当叶球紧实，球重达 300～500 克时，便可开始采收。

八、日光温室生菜管道水培

水培是无土栽培中应用最早的技术。目前的各种水培方法都是为了解决植物吸收养分和水分而设计的，主要有深液流（DFT）法、营养膜法（NFT）、浮板毛管（FCH）法、动态浮根法（DRF），而管道水培生菜技术尚未见报道。

1. 管道水培装置

该装置主要包括种植管道及其支撑架、贮液池（罐）、营养液循环流动系统三部分，既适用于大型温室内水培蔬菜种植，也适用于家庭阳台小菜园；既可以做成平面的栽培系统，也可以做成立体的栽培模式。

（1）种植管道　在建造种植管道前，首先将地整平，打实基础，为便于以后操作，用厚壁镀锌管焊接高 0.8 米的架子，架子上焊接固定种植管道的管卡。种植管道用直径 75 毫米或 110 毫米的 PVC 排水管制作，一端设置进水口，另一端设置排水口，并控制营养液深度为栽培管道横截面的 3/4。在栽培管道上开直径 25 毫米的定植孔，孔距 20 厘米。

（2）贮液池　贮液池的作用是增大营养液的缓冲能力，为根系创造一个较稳定的生存环境。贮液池的大小和形式可根据管道水培的面积或种植者的资金而定，贮液池可选择带盖的塑料桶，或者在温室内建一地下水泥池，无论哪种形式都必须保证贮液池不能漏液，池面要高出地面 10～20 厘米，加盖，防止杂物雨水等落入池内，保持池内环境黑暗以防藻类滋生。

（3）营养液循环系统　该系统包括供液系统和回流系统，供液支管和主管道采用 PPR 上水管，回流管采用 PVC 排水管，均埋于地面下，避免日照加速老化，供液毛管采用 PE 管即可。水泵选用耐腐蚀的潜水泵，功率大小与种植面积营养液的循环流量相匹配，设置定时器控制营养液的循环间隔和次数。

2. 营养液的管理

（1）营养液配方及配制　经过栽培试验，水培生菜适宜的营养液配方大量元素为：四水硝酸钙945毫克/升，硝酸钾607毫克/升，七水硫酸镁493毫克/升，磷酸二氢铵115毫克/升。微量元素为通用配方：硼酸2.86毫克/升，四水硫酸锰2.13毫克/升，七水硫酸锌0.22毫克/升，五水硫酸铜0.08毫克/升，四水钼酸铵0.02毫克/升，EDTA-铁40毫克/升。营养液的配制方法：小面积种植可采用浓缩贮备液稀释成工作营养液；大面积种植可采用直接配制成工作营养液。

（2）营养液EC值和pH管理　水培生菜适宜的EC值为：冬季1.6～1.8毫西门子/厘米，夏季1.4～1.6毫西门子/厘米。生菜苗期和生育初期，EC值采用1/4～1/2剂量；生育中期EC值为1个剂量；采收期EC值采用1/4～1/2剂量。每周监测一次营养液的浓度，如果发现其浓度下降到初始EC值的1/3～1/2时，应立即补充养分，补回到原来的浓度。营养液的pH值对叶用莴苣的植株型态、生物积累量、光合能力、产品品质均有显著影响，在pH4.0～9.0，叶用莴苣均能存活，但适宜范围是pH6.0～7.0，超过这一范围，叶用莴苣的硝酸盐、亚硝酸盐含量升高，其余各观测指标显著降低。营养液pH值一般每周测定、调节一次。

（3）营养液循环和更换　管道水培设置有定时器，用于控制营养液的供应时间，以增加营养液溶存氧。一般白天8～15时供液，夜晚不循环，每隔2小时供液30分钟。连续种植3～4茬生菜可更换一次营养液，前茬生菜收获后将管道内残根及其他杂物清理后，补充水分和营养液即可定植下一茬。如果营养液中积累了病菌而导致生菜发病，又难以用药物控制时，马上更换营养液，并对整个系统进行彻底清洗和消毒。

3. 品种选择和茬次安排

生菜属喜冷凉的耐光性作物，耐寒、抗热性不强，喜潮湿，忌干燥，适宜春秋栽培，在冬春季节 15～25℃ 范围内生长最好，低于 15℃ 生长缓慢，高于 30℃ 生长不良，极易抽薹开花。水培生菜在气温 25℃ 以上时结球困难，所以日光温室内水培生菜适合选择散叶、早熟、耐高温、耐抽薹的生菜品种，如意大利耐抽薹生菜、奶油生菜、玻璃翠、凯撒、大湖 366。其中尤以意大利耐抽薹生菜最为理想，其早熟、耐热、抽薹晚，适应性广。一般除夏季外可周年在温室栽培，一年可生产 7 茬。

4. 育苗定植

（1）育苗　生菜种子发芽时需要光照，黑暗下发芽受抑制，切忌播种过深。采用育苗盘，蛭石作育苗基质。播种前将蛭石装入育苗盘中，将育苗盘中蛭石压平，把装有蛭石的育苗盘放入清水中通过毛细管吸水作用浸透蛭石，待蛭石沥干 2 小时后，把种子均匀撒播在蛭石上面，然后覆盖一层相当于种子一倍的蛭石，在 20℃ 下，5～7 天可出苗。出苗后，用 1/4～1/2 剂量营养液浇灌。

（2）分苗　当生菜苗长至 2 片真叶时，分苗定植。用清水稍冲洗生菜幼苗根部，在不伤根的前提下尽可能除去蛭石。将处理好的幼苗轻轻放入定植杯中，在根周围放入水苔或小石砾固定幼苗，将固定好幼苗的定植杯放入育苗床的泡沫板孔中，育苗床的营养液水位调节至浸没定植杯底端 1～2 厘米。苗间距 5 厘米×5 厘米，营养液浓度为 1/4 剂量。

（3）定植　待幼苗长至 4 片真叶时即可定植，将苗移植入水培管道中，随着生菜根系生长，液面可降低，距定植杯底部 2 厘米，株行距 20 厘米×20 厘米，营养液浓度为 1/2 剂量，1 周后调节营养液浓度为 1 个剂量。

5. 管理和采收

温度管理，控制昼温 25～30℃，夜温 15℃ 左右，温度高于 30℃ 采取措施降温，营养液温度调至 15～18℃。营养液在收获前一周不必补充养分，只需加清水，这样不会降低产量，并可显著降低生菜的硝酸盐含量。定植后 25～30 天即可收获。

6. 病虫害防治

日光温室内管道水培生菜的病害相对较少。夏季有时会发生白粉虱、蚜虫、红蜘蛛等虫害，可用高效低毒生物农药阿维菌素制剂进行防治。温室水培生菜因高温会引发缺钙，发生缘腐病和心叶烧焦，应及时调整营养液，或喷施 0.4％氯化钙、1％硝酸钙等叶面肥。

第六章

莴苣主要病虫害综合防治

一、莴苣病毒病

1. 病原、症状及传染

莴苣病毒病由病毒侵染所致。在我国已知的莴苣花叶病毒共三种，即莴苣花叶病毒、黄瓜花叶病毒和蒲公英黄色花叶病毒。

莴苣病毒病自莴苣苗期起即可发生。一般幼苗叶片症状不明显，在第一片真叶上表现为淡绿色或黄白色不规则斑驳，叶缘不整齐或发生缺刻；在第二、三片真叶上，初生明脉症状，继而发生为黄绿相间的花叶或斑驳，隐约可见褐色坏死斑点。在莴苣生长期间，被侵染的病株嫩叶初呈明脉症状，后发展为花叶或呈浓淡相间绿色斑驳，出现褐色坏死斑点和细脉变褐、叶片皱缩，有的叶缘下卷成筒状，有不同程度的矮化现象，且发病越早矮化症状越重。病株笋茎细长，皮硬且厚，肉质部分减少，水分及养分降低。病株生长衰弱，花序减少，结籽率降低。

莴苣病毒病的传染主要是依靠蚜虫。传播病毒病的蚜虫有桃蚜、萝卜蚜和棉蚜等，种子亦可带毒。播种带毒的种子其幼苗即成病苗，如将病苗移植到田间，即形成发病中心。环境温度高、水肥管理不当、生长纤弱，有利于病毒病发生。

2. 防治方法

（1）采用无病毒种子和抗病品种。

（2）加强田间管理，播种和种植前把田边杂草铲除干净。

（3）及时防治蚜虫，尤其是传毒的桃蚜、萝卡蚜等应彻底防治。

（4）注意轮作换茬，特别是发病严重和发病普遍的田块，可种植其他蔬菜作物。

（5）发现病株先普遍喷施高锰酸钾 1 200 倍液，接着喷施混合药剂：2％菌克毒克 600 倍液＋爱多收 6 000 倍液＋萘乙酸 20 毫克/千克＋硫酸锌 800 倍液防治。

二、莴苣霜霉病

1. 病原、症状及传染

莴苣霜霉病病原为莴苣盘梗霉。此病菌为专性寄生菌，主要危害莴苣和数种野生菊科植物。莴苣霜霉病主要危害叶片。开始时在下部老叶上发生淡黄色、周缘不明显、近圆形的病斑，逐渐扩大后因受叶脉限制而呈多角形淡黄色病斑。在潮湿环境下，叶背病部产生白色霜状霉。后期病斑变为黄褐色，叶片上的病斑连成一片，导致全叶变黄枯死。

霜霉病以病菌的菌丝体潜伏在田间病株组织内越冬，越冬后即产生孢子囊。孢子囊萌发时产生芽管或游动孢子，靠气流或雨水传播，从叶片气孔侵入。以后菌丝在被侵入的叶片内吸收养料和水分，又继续产生孢囊梗从气孔中伸出。成熟后脱落，借气流传播，再侵染，如此反复进行而在莴苣植株上传染发病。1～19℃的温度均可发病，10℃左右对病菌萌发有利，较高湿度有利于发病。此外，莴苣植株栽种过密、通风透光不良、浇水过多、湿度过大、氮肥施用过多等，均易诱发霜霉病。

2. 防治方法

（1）选用抗病品种。

（2）冷床、温床或大棚育苗不要过早。

（3）加强田间管理，合理密植，注意中耕松土，切忌大水漫灌，避免积水，降低地面湿度。

（4）收获后、定植前均应清洁田园，清除地面病株残体，减少越冬病菌。

（5）发病期间及时喷药，常用的药剂有 80％代森锌可湿性粉剂 500～600 倍液、75％百菌清可湿性粉剂 500 倍液、1：1：200～300 波尔多液、64％杀毒矾可湿性粉剂 500 倍液、25％甲霜灵可湿性粉剂 1 000 倍液等，每隔 10～15 天喷药一次，共 2～3 次。也可用 70％乙膦铝锰锌 50 克兑水 15 千克交替使用。也可用 45％安全型百菌清烟剂每亩 0.5 千克熏烟防治。

三、莴苣灰霉病

1. 病原、症状及传染

莴苣灰霉病由真菌灰葡萄孢侵染所致。此菌除危害莴苣外，番茄、茄子、辣椒和黄瓜等均可被害。

苗期发病时，受害部位（叶和幼茎）呈水浸状腐烂。成株发病一般从近地面的叶片开始。受害部初呈水浸状不规则形病斑，后扩大呈褐色。病叶基部呈红褐色病痕，形状、大小不等，茎基部被害状与叶柄基部相似，环绕一周后，地上部茎叶凋萎导致整株死亡。病叶自下而上发展，并可使内部组织腐烂。留种植株在开花期间，花器及花梗也可受害而呈水浸状腐烂。在潮湿环境下，发病部位均长出灰色霉状物。

病菌主要以菌核随同病株残体留在土中越冬，第二年春季条件适宜时，菌核萌发产生菌丝体，菌丝体再产生分生孢子梗和分生孢子，通过气流传播。温湿度适宜时，孢子萌发产生芽管，从植株伤口及衰弱或坏死组织等处侵入。病菌侵入后迅速蔓延扩展，并在病部产生分生孢子，再通过气流进行重复传播和侵染。

灰霉病菌属弱寄生菌，莴苣植株在处于极度衰弱或器官受冻、受伤，环境不正常的情况下易被病菌侵染。相对湿度在 90％以上、温度较低有利于病害发生。分生孢子萌发的最适温度是 21～23℃。

2. 防治方法

（1）定植前、采收后将田块内病株残体清除，消灭越冬菌源。

（2）加强田间管理，肥水管理恰当合理，使莴苣植株生育良好、健壮，抗病力增强。注意中耕，保持地面干燥，株行间通风透光良好。

（3）发病期间及时喷药。常用杀菌剂为：发病初期用10％适乐时1500倍液＋68.7％杜邦易保1 000倍液或50％农利灵600倍液＋40％施佳乐1 000倍液、50％灭霉灵可湿性粉剂800倍液、50％得利可湿性粉剂800倍液、50％速克灵可湿性粉剂50克兑水40～50千克、50％扑海因50克兑水40～50千克，每7～10天喷洒一次，共2～3次。可用速克灵烟剂闷棚2～3次。

四、莴苣菌核病

1. 病原、症状及传染

莴苣菌核病由真菌核盘菌侵染所致。菌核鼠粪状，表面黑色，内部白色。病株叶片凋萎，直至全株死亡。

病菌主要以菌核随同病株残体留在土中越冬。菌核萌发时，产生孢子，借气流传播，进行侵染和重复侵染，也可通过病叶和健叶接触而传染。温度20℃左右和85％以上相对湿度有利病菌发育，发病重。连作地发病重，排水不良、偏施氮肥、过分密植的田块及通风透光条件差的田块发病严重。

2. 防治方法

（1）实行轮作与深耕，最好与水田或其他禾本科作物隔年轮作；采收后深耕，将地上的菌核埋入土中，使菌核产生的子囊盘不能出土；清除混在种子里的菌核。

（2）加强田间管理，忌偏施氮肥，氮、磷、钾肥配合施用，以提高莴苣植株的抗病力；加强排灌能力，保持田块干燥，防止雨后积水。

（3）保持田间清洁，发现病株应即拔除，避免病菌扩散蔓延危害，及时摘去老黄叶，改善株间通风透光条件。

（4）一旦发病及时喷药防治，可用50％托布津可湿性粉剂

500 倍或 50％多菌灵可湿性粉剂 500 倍液、70％甲基托布津可湿性粉剂 800 倍、50％氯硝胺可湿性粉剂 300～500 倍喷雾，一般 7～10 天喷一次，连续喷 2～3 次。也可用草木灰 1 千克、消石灰 2 千克拌成混合粉，每亩撒施 20～30 千克，亦能起防治作用。

五、莴苣茎腐病

1. 病原、症状及传染

莴苣茎腐病由真菌丝核薄膜革菌侵染所致。危害多发生在近地面叶片的叶柄上，受害部位呈褐色坏死斑，扩大后可涉及整个叶柄，并溢出琥珀色汁液；也危害叶球，发病后期在潮湿环境下，整个叶球呈湿腐糜烂状；天气干燥的情况下，叶球失水变干，成黑色僵化。

通过菌丝与植株接触传染，直接或通过气孔侵入。土壤潮湿、积水病害发生严重。

2. 防治方法

（1）种植前彻底清园、翻晒土壤，结合整地，每平方米用 40％五氯硝基苯可湿性粉剂和 40％福美双可湿性粉剂按 1：1 混合均匀的药剂 5～8 克，用适量细土拌匀撒于畦面，再用锄与表面土混匀消毒。

（2）采用高畦深沟栽培莴苣，避免低洼积水。

（3）加强田间管理，避免过度密植。

（4）田间发现病株立即拔除，并撒少量药土消毒。

（5）一旦发病，及时喷 80％代森锌可湿性粉剂 500～600 倍液、72.2％普力克水剂 400 倍液等。视病情隔 7～10 天用药一次，连续防治 2～3 次。

六、莴苣软腐病

1. 病原、症状及传染

病原为细菌。带菌土壤、肥料或昆虫都能成为病害侵染的来源。此病一般多发生在生长后期，发病部位呈水浸状软腐，并发出恶臭，植株基部腐烂而死亡。

2. 防治方法

（1）避免连作，建设沟渠，改善排灌条件；避免施用未腐熟的有机肥；及时清除田间病株残体。

（2）发病初期喷药剂于植株基部，以控制病害蔓延。可用农用链霉素 200～300 单位，或农用氯霉素 200～300 单位。每隔 7～10 天喷一次，连续喷 2～3 次。

七、莴苣叶枯病

1. 病原、症状及传染

由真菌莴苣壳针孢侵染所致。病菌以分生孢子器在病叶上越冬，分生孢子靠雨水或灌水、浇水传播。主要危害叶片。叶片上病斑灰褐色至深褐色，呈不规则或多角形，边缘黄褐色，表面散生黑色小粒点。发病后期病部组织易脱落而使叶片穿孔。多先发生于老叶，继而逐渐向新叶发展蔓延，最后除顶端数叶外，其他叶片均发病。发病严重时，叶片迅速干枯。

2. 防治方法

（1）实行 3 年以上的轮作。

（2）播种前种子用 50℃温水浸洗 30 分钟。

（3）选择排水良好的田块栽植。

（4）发病初期喷洒 68％倍得利可湿性粉剂 800 倍液或 80％喷克可湿性粉剂 600 倍液、50％利得可湿性粉剂 1 000 倍液、75％百菌清可湿性粉剂 500 倍液、70％甲基托布津可湿性粉剂 600 倍液等。

八、莴苣白粉病

1. 病原、症状及传染

由棕丝单囊壳孢子侵染所致。以闭囊壳越冬后放射出的子囊孢子、菌丝在被害株上越冬的分生孢子借气流传播，进行初侵染和再侵染，落到叶面上的分生孢子遇有适宜条件，孢子发芽产生侵染丝从表皮侵入，在表皮内长出吸胞吸取营养。主要危害叶片。初在叶两面生白色粉状霉斑，扩展后形成浅灰白色粉状霉层平铺在叶面上，条件适宜时彼此连成一片，致整个叶面布满白色粉状物，似铺上一层薄薄白粉。该病多从种株下部叶片开始发生，后向上部叶片蔓延，整个叶片呈现白粉，致叶片黄化或枯萎。后期病部长出小黑点，即病原菌闭囊壳。

2. 防治方法

（1）防止植株栽植过密，保持通风、透光。

（2）发病初期喷洒 10％施宝灵胶悬剂 1 000 倍液或 1∶1∶160 倍式波尔多液、15％粉锈宁可湿性粉剂 800～1 000 倍液、50％苯菌灵可湿性粉剂 1 000～1 500 倍液、60％防霉宝超微可湿性粉剂或水溶性粉剂 600 倍液、47％加瑞农可湿性粉剂 800 倍液、30％绿得保悬浮剂 400 倍液、40％福星乳油 9 000 倍液，每亩喷 50 升，隔 10～20 天一次，防治 1～2 次。采收前 7 天停止用药。

九、莴苣虫害

1. 害虫种类

危害莴苣的害虫主要有莴苣蚜、潜叶蝇、小地老虎、蛞蝓、蓟马、红蜘蛛和菜粉蝶等。

（1）莴苣蚜　无翅成蚜体较大，多为赤色。吸食嫩叶、嫩茎的汁液，使被害叶片变黄，叶面皱缩，植株生长不良。

（2）潜叶蝇　幼虫白色，蛆状，体细如针，可钻破幼茎表皮蛀食内部组织。

（3）小地老虎　主要以 3 龄以上幼虫咬断幼苗近地面的嫩茎，幼虫灰褐至黑褐色。

（4）蛞蝓　虫体延长时纺锤状，被透明黏液。危害叶片，将叶片吃成孔、网状。

（5）蓟马　成虫体微小，淡灰黄至深褐色，吸食植株汁液。

（6）红蜘蛛　以若螨或成螨在叶片背面吸取汁液。

（7）菜粉蝶　以1～2龄幼虫为害，严重时只剩叶脉和叶柄，伤口造成软腐病菌侵入；虫粪污染叶片。

2. 防治方法

（1）防治蚜虫　清洁田园，铲除杂草，消灭蚜虫虫源。蚜虫发生时利用黄色板诱蚜，即在黄色板上涂上机油，置于离地面33厘米处，每亩放8块。每隔3～5天清除一次虫体，同时再涂上机油。可用70%灭蚜松可湿性粉剂1 000～1 500倍或50%二溴磷乳油1 000～1 500倍、50%抗蚜威可湿性粉剂2 000倍、2.5%敌杀死（溴氰菊酯）6 000～8 000倍喷雾。

（2）防治潜叶蝇　合理施肥，不用未腐熟人畜粪尿和堆肥，种子不要直接接触肥料。采用灌水方法防治种蝇，即早晚进行大水浸灌，连续2～3次，可使种蝇幼虫窒息死亡。可用1.8%爱福丁乳油3 000倍液，每隔7天喷药一次，连用2次；也可用25%斑潜净乳油1 500倍液喷施防治。

（3）防治地老虎　清洁田园，消除虫源；用黑光灯、糖酒醋液诱杀成虫。糖酒醋水液配制比例为6∶1∶3∶10，配好后每100份溶液中加入0.1份晶体敌百虫。诱蛾盆放置离地面约1米处，每2亩放1个盆。大田还可用毒饵诱杀幼虫。毒饵可用菜叶拌以敌百虫，配比为50千克菜叶加90%敌百虫100克。配制好后将毒饵撒在幼苗行间，每亩约用毒饵5千克。幼虫在3龄前可喷药防治，用细菌杀虫剂如B.t.乳剂或青虫菌六号液剂500～1 000倍、50%辛硫磷乳油100倍、20%氰戊菊酯乳油3 000～4 000倍液、2.5%溴氰菊酯乳油3 000倍液等喷雾。

（4）防治蛞蝓　深翻土地，清洁田园，减少虫源。加强排水，降低湿度，不给蛞蝓生存活动的条件。也可用菜叶引诱，人工捕杀。药剂防治可用50%敌敌畏乳油1 000倍液或40%毒死蜱乳油 1 500～2 000 倍液喷雾。

（5）防治蓟马　加强灌水、除草，减轻蓟马危害。药剂防治可选择 25％吡虫啉可湿性粉剂 2 000 倍或 5％啶虫脒可湿性粉剂 2 500 倍、10％吡虫啉可湿性粉剂 1 000 倍或 20％毒·啶乳油 1 500 倍、4.5％高氯乳油 1 000 倍与 10％吡虫啉可湿性粉剂 1 000 倍、5％溴虫氰菊酯 1 000 倍混合喷雾，见效快，持效期长。为提高防效，农药要交替轮换使用。

（6）防治红蜘蛛　提早喷药，消灭越冬虫源，对若螨、成螨和螨卵用 20％双甲脒乳油喷雾；也可每亩用 5％噻螨酮乳油 60～100 毫升、50％噻螨酮可湿性粉剂 60～100 克稀释成 1 500～2 000 倍液喷雾。

（7）防治菜粉蝶　清除田间残株、菜叶，减少虫害。生物防治可采用细菌杀虫剂，如国产 B. t. 乳剂 500～1 000 倍液或青虫菌六号液剂（内含苏云金杆菌）500～1 000 倍液喷雾，也可用菜青虫颗粒剂病毒剂。防治菜粉蝶应在 1～2 龄时进行，此时为害轻，且抗药性弱。

第七章

莴苣收获、贮运、加工、保鲜与销售

一、茎用莴苣（莴笋）

定植后根据各种条件不同，约 30～50 天即可收获，冬季要长一些。收获时夏季在早上进行，冬季温室内应在晚上进行，可用刀在植株近地面处割收，掰掉黄叶、病叶，捆把或装筐即可销售。如果进行长途运输，还要进行预冷，或在包装箱内放入冰决（冰块周围容易发生冻害）。

主茎顶端与最高叶片的叶尖相平时为采收适期。采收过早产量低，过晚则花茎伸长，纤维增多，肉质茎变硬甚至中空，品质劣。早莴笋在谷雨前后上市，一般在立夏前后供应市场，盛产期在立夏到小满，最迟能延至芒种。

1. 茎用莴苣贮藏特性

春莴笋比秋莴笋产量高，但不耐贮藏。由于耐寒性较强，适于冬季贮藏。用于贮藏的莴笋应茎粗、不空心、不抽薹。适宜贮藏温度为 0～1℃。

2. 茎用莴苣贮藏方法

（1）假植贮藏　一般选用白笋类型的品种进行贮藏，如鲫瓜笋等。贮藏前将莴笋连根收获，在凉棚或阴凉处晒晾，为防止肉质茎失水，可用后一排的笋叶盖住前一排的根茎。晾晒 2～3 天后，摘除生长点及下部的老叶，仅留上部 7～8 片较小的叶片贮藏。为减少机械伤害，摘除老叶时可留一小段叶柄，贮藏时在向阳的畦上开一 10 厘米宽的沟，将莴笋垂直排列在沟中，株间稍留空隙，并将笋稍向北倾斜，摆好后覆土至笋茎 2/3 处，踩实。一条阳畦可假植 8～10 行，行间距约 10 厘米。

假植后视周围土壤含水量，可酌情用喷壶洒水，但要注意水量过多时易造成莴笋腐烂。在莴笋假植贮藏中，主要注意贮藏初期防止温度过高，后期保温防冻。通过调节覆盖物等措施，使温度维持在 0℃左右。

（2）薄膜包装贮藏　收获后去掉下部叶片，并用水冲洗泥土及叶痕处的白色汁液，然后以 3～5 株为一个单位，用聚乙烯塑料薄膜密封包装，温度控制在 0～3℃。应用此法可贮藏 25 天，损失仅为 2%左右。

二、叶用莴苣

（一）结球莴苣（结球生菜）

1. 收获

结球莴苣在定植后 50 天左右，叶球充分长大，包合紧实就应及时采收。当田间 30%的叶球达到采收标准时开始采收，应适时分批采收，宜早不宜迟。应在无雨天采收，上午露水干后采收，雨后 1～2 天内露地不得采收。收获时选择叶球紧密的植株，用利刀沿叶球外叶茎基部切下，留 3～4 片外叶保护叶球。装入塑料周转箱，采收时应轻采轻放，装筐运输时应轻装轻卸。采收后应在 1 小时内运抵加工厂。使用的塑料周转箱应符合 GB 8868 的要求。

2. 贮运

结球莴苣的含水量比其他绿叶蔬菜要高得多，和甘蓝相比纤维素含量较低，叶子柔软鲜嫩，叶球抱合较松，因此收获后极易萎蔫、腐烂，属于贮藏性差的种类。结球莴苣的品种、栽培条件及收获时的生长度均与贮藏性密切相关。据报道，叶片中糖含量高、蛋白质含量低的品种贮藏性较好，在栽培中施用有机肥的产品贮藏性好，施用氮肥过多的不耐贮藏；与生长过多的大叶球相比，体积小的嫩叶球贮藏性好。雨后或雨中收获时会影响其贮藏。贮运保鲜技术要求：

（1）整球产品贮藏前采用真空冷却法预冷，使品温迅速降温至 1～4℃。贮藏适温为 1～2℃，相对湿度 90％～95％。气调贮藏最适含氧量维持在 3％～5％。

（2）切片产品包装后应立即放入冷库中贮藏，贮藏温度 5℃。

（3）贮藏时间，长途外运前，包装产品在冷库贮藏保鲜时间应不少于 12 小时，但不得超过 24 小时。

（4）采用冷藏集装箱车运输，不能与释放乙烯的果蔬混装在一个车厢内。运输 1～2 天，冷藏车内冷藏温度需保持 1～4℃，运输 2～3 天，需保持 0～2℃。冷藏车内适宜相对湿度应在 95％以上。

3. 加工保鲜与销售

（1）预冷　冷库预冷要求库温 1～2℃，使品温尽快降至 1～4℃。真空预冷要求在 25～30 分钟内达到 2～4℃。预冷时间 10～20 小时，预冷程度以叶面没有水汽为标准。

（2）整球产品的出口加工标准：叶球外观应具有本品种固有的现状与色泽，叶球圆整，无损伤、霉斑、腐烂、病虫害斑及附着水，未抽薹或薹长不超过 4 厘米；外球叶无弯曲叶脉，根茎部及叶脉无棕色、紫色、铁锈色或条斑纹。同时，单球重、球横径大小应达到 M、L、2L 三种出口规格标准。

	每箱叶球数	每箱净重量（千克）	单球重量（千克）	球横径（厘米）
M	30	12～15	0.4～0.5	15～17
L	24	12～15	0.5～0.6	17～19
2L	24	15～16	＞0.6	19～21

（3）整理剥离外叶，削平根茎或中心柱（仅对切片产品而言），剔除破损、抽薹以及病虫害等明显不合格的叶球。整球加工的叶球，产品整理后经除渍、抹干，按上表所列的出口标准称

重、量径分级。每切完 10 棵根时刀具需用 500 倍高锰酸钾溶液消毒。

(4) 深加工产品加工前用自来水仔细清洗。清洗水温低于 5℃，含氯量或柠檬酸量为 100～200 毫克/升。加工水质应符合 GB 5749—85/2.10 的要求。水质的检验方法应按 GB 5750—85/生活饮用水标准检验法执行。

(5) 深加工产品叶球按 4～5 毫米×5～8 厘米规格大小切丝，按 4～5 平方厘米规格大小切片。切割器具需用 100～150 摩尔/升次氯酸钠消毒处理。

(6) 深加工产品切分后采用离心脱水机除水。脱水最适条件为 1 000 转/分钟（旋转机直径 52 厘米），离心 30 秒。

结球莴苣的适宜贮藏温度为 0℃，相对湿度 90%～95%。采收后迅速预冷至 0℃，然后单球装入厚度 0.03 毫米的聚乙烯塑料袋中，折口，或装入衬垫厚 0.02 毫米聚乙烯塑料的筐内，在 0℃环境下贮藏，贮藏期根据品种及栽培条件而异。结球莴苣对乙烯很敏感，乙烯可使叶球产生锈斑，应避免与苹果、梨等大量产生乙烯的果实混合贮藏。此外，结球莴苣易受冻害影响，冻结点为 -0.2℃，为安全起见可将库温设为 1～2℃。

（二）皱叶莴苣（散叶生菜）

1. 收获

叶用生菜采收要求不严格，可根据市场需求随时采收上市。叶用莴苣收获要做到适时采收，散叶莴苣生长到 10～12 片叶时为最适收获期，此时采收品质最好。应在无雨天采收，采收前 1～2 天停止灌水，雨后 1～2 天内不得采收。

2. 贮运

生菜含水量高，组织脆嫩，冰点为 -0.2℃，易受冻害。贮藏温度以 0～3℃为宜，相对湿度应在 98%以上。在常温下只能保存 1～2 天。

(1) 简易贮藏 生菜采后呼吸代谢旺盛，需及时预冷至

1℃，然后装入薄膜中，不要密封，进入冷库在适温下可贮 10～15 天。注意生菜不能与苹果、梨、瓜类等混合贮藏，因这些蔬果产生的乙烯气体较多，会使生菜叶片发生锈斑。

（2）假植贮藏　入冬前即气温降至 0℃以前，可将露地栽培的生菜连根拔起，稍晾后使叶片稍蔫，以减少机械伤。第二天囤入阳畦内假植。散叶生菜一棵挨一棵囤入；结球生菜株间应稍留空隙通风。用土埋实，不浇水。隔 15～20 天检查一次，发现黄中、烂叶及时清除。白天支棚通风，夜间半盖或全盖，使其不受冻害、不受热，又不能让阳光直射。散叶生菜可贮一个月左右；结球生菜可贮 10 天左右。

（3）运输　散叶生菜鲜嫩易腐，不宜长途运输。中短途运输也需要先预冷。运输时间在 1～2 天以内时，要求运输环境温度 0～6℃；运输时间为 2～3 天时，应保持 0～2℃。

3. 皱叶莴苣（散叶生菜）的加工、保鲜与上市销售

上市质量标准：色正、新鲜，无黄、烂叶，无病虫害；筐装。

（三）直立莴苣（油麦菜）

1. 收获与加工

定植后根据各种条件不同，约 30～50 天即可收获，亩产量约 1 000～1 500 千克，冬季要长一些。收获时夏季在早上进行，冬季温室内应在晚上进行，可用刀在植株近地面处割收，掰掉黄叶、病叶，捆把或装筐即可销售。

2. 贮运

油麦菜的贮藏适宜温度为 0℃，适宜相对湿度 95％以上。需贮藏或运输的，叶片不要太嫩，水分含量宜低，收获时要轻收、轻放，避免机械损伤。如果进行长途运输，还要进行预冷或在包装箱内放入冰决（冰块周围容易发生冻害）。

3. 保鲜与上市销售

油麦菜视价格采收上市，卖菜难时，可稍小上市，一般株高

25 厘米左右即可采收上市。菜价好时，偏大一些上市，植株可留到 30～35 厘米，以提高产量增加收益。种植油麦菜由于时间短，病虫害轻，经济效益比较高。

主要参考文献

艾民 . 2008. 保护地无公害油麦菜栽培 [J]. 吉林蔬菜 (5)：11 - 12.

董洁 . 2009. 叶用莴苣优异种质资源的鉴定和筛选 [D]. 新疆农业大学 .

郭世荣 . 2003. 无土栽培学 [M]. 北京：中国农业出版社 .

李天来 . 2011. 设施蔬菜栽培学 [M]. 北京：中国农业出版社 .

李伟 . 2010. 水培与基质培的发展现状与前景展望 [J]. 中国园艺文摘
　(5)：43 - 44.

李希荣, 武霞 . 2004. 大棚夏生菜遮阳网栽培技术 [J]. 吉林蔬菜 (4)：
　13 -14.

刘斌 . 2008. 江淮地区夏季生菜遮荫高产栽培技术 [J]. 现代农业科技
　(2)：45.

刘慧超, 卢钦灿, 肖卫强 . 2009. 水培生菜关键技术 [J]. 中国园艺文摘
　(2)：68 - 69.

刘淑清, 等 . 2017. 无公害保护地油麦菜生产栽培技术 [J]. 吉林蔬菜
　(2)：18 - 19.

潘继兰 . 2011. 叶用莴苣的栽培技术 [J]. 新农村 (7)：23.

盛云飞, 虞冠军 . 2006. 出口结球生菜大棚栽培技术 [J]. 上海农业科技
　(5)：113 - 114.

施裕春 . 2010. 秋延后大棚莴笋高产栽培技术 [J]. 上海蔬菜 (2)：
　46 -47.

徐刚 . 1997. 绿叶类蔬菜高效栽培技术 [M]. 南京：江苏科学技术出版
　社 .

徐强, 闫晓煜 . 2009. 生菜的无土栽培技术与管理 [J]. 现代农业科学, 16
　(2)：51 - 52.

汪清, 等 . 2011. 无公害生菜栽培技术 [J]. 现代园艺 (3)：30 - 31.

王军, 曹坚 . 2005. 大棚莴笋无公害早熟栽培技术 [J]. 农业科技通讯

（11）：42.

王晓云，谢冰，林群．2006．日光温室油麦菜越冬茬密植间拔栽培技术〔J〕．中国蔬菜（5）：43.

章镇．2004．园艺学各论（南方本）〔M〕．北京：中国农业出版社．

图书在版编目（CIP）数据

莴苣设施栽培/徐刚，孙艳军编著 . —北京：中
国农业出版社，2013.9
（谁种谁赚钱·设施蔬菜技术丛书/常有宏，余文
贵，陈新主编）
ISBN 978 - 7 - 109 - 18242 - 4

Ⅰ.①莴… Ⅱ.①徐…②孙… Ⅲ.①莴苣－蔬菜园
艺－设施农业 Ⅳ.①S626

中国版本图书馆 CIP 数据核字（2013）第 195782 号

中国农业出版社出版
（北京市朝阳区农展馆北路 2 号）
（邮政编码 100125）
责任编辑 杨天桥

北京中兴印刷有限公司印刷 新华书店北京发行所发行
2013 年 9 月第 1 版 2013 年 9 月北京第 1 次印刷

开本：850mm×1168mm 1/32 印张：3.5 插页：4
字数：81 千字
定价：18.00 元
（凡本版图书出现印刷、装订错误，请向出版社发行部调换）

彩图1　茎用莴苣（莴笋）

彩图2　结球莴苣（结球生菜）

彩图3　直立莴苣（油麦菜）

彩图4　皱叶莴苣（散叶生菜）

彩图5　锯齿油麦菜

彩图6　极品红油麦

彩图7　紫生菜

彩图8　无斑油麦菜

彩图9　碧天下

彩图10　大花叶

彩图11　二白皮

彩图12　红　秀

彩图13 青 笋

彩图14 四季嫩香

彩图15 迎 夏

彩图16 竹叶青

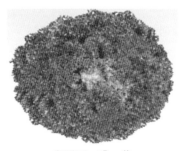

彩图17 雅 紫

彩图18 里 根

彩图19 阿 黛

彩图20 莫 林

彩图21 美国翡翠生菜

彩图22 紫 莎

彩图23 大棚生菜

彩图24 大棚莴笋

彩图25　大棚油麦菜

彩图26　多层覆盖栽培生菜

彩图27　防虫网生菜油麦菜栽培

彩图28　日光温室生菜

彩图29　日光温室油麦菜

彩图30　生菜工厂化无土栽培

彩图31　管道栽培生菜

彩图32　管道栽培奶油生菜

彩图33　生菜有机基质无土栽培

彩图34　生菜遮阳网覆盖栽培

彩图35　生菜柱式立体栽培

彩图36　生菜墙式立体栽培

彩图38 水培油麦菜

彩图37 生菜墙式栽培

彩图39 水培皱叶生菜

彩图40 无土栽培莴笋

彩图41 油麦菜管道栽培

彩图42 有机基质栽培油麦菜

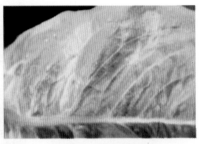

彩图43　莴苣病毒病　　　　　　　　　彩图44　莴苣霜霉病

彩图45　莴苣灰霉病　　　　　　　　　彩图46　莴苣菌核病

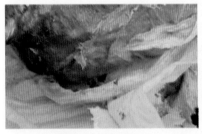

彩图47　莴苣茎腐病　　　　　　　　　彩图48　莴苣软腐病

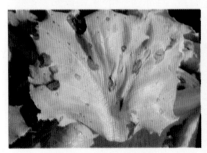

彩图49　莴苣叶枯病　　　　　　　　　彩图50　莴苣白粉病